고롱고롱 고양이 자수

고롱고롱 고양이자수

전지선 지음

팜파스

MEOW
SNOW WHITE

Prologue

두 번째 고양이 자수 책과 함께해주신 여러분 감사합니다.

고양이 자수의 어떤 점에 끌리셨는지 한 분 한 분께 여쭤볼 수는 없지만,

아마도 저와 비슷한 마음일 거라 생각해요.

언제나 몽글몽글하고, 따끈하기도 한 고양이 같은 마음으로

꽁냥꽁냥, 저와 함께 자수해요 :-)

ps/

이 책을 준비하기까지 고민도 참 많았고,
책 이외의 다사다난한 일들로 계속해서 일정이 늘어지는데도
항상 차분하게 다독여주신 이진아 실장님께 제일 먼저 감사의 말씀 전합니다.
그리고 항상 저의 고양이 자수를 응원해주고 예뻐해 주시는
많은 팔로어께도 최고로, 정말 많이 감사드립니다.
그 힘으로 버텨냈어요!
앞으로도 더 좋은 작품 보여드릴 수 있도록 노력하겠습니다.
감사합니다♡

Contents

BASIC 시작하기 전에

PART • 01

고양이의 특별한 일상

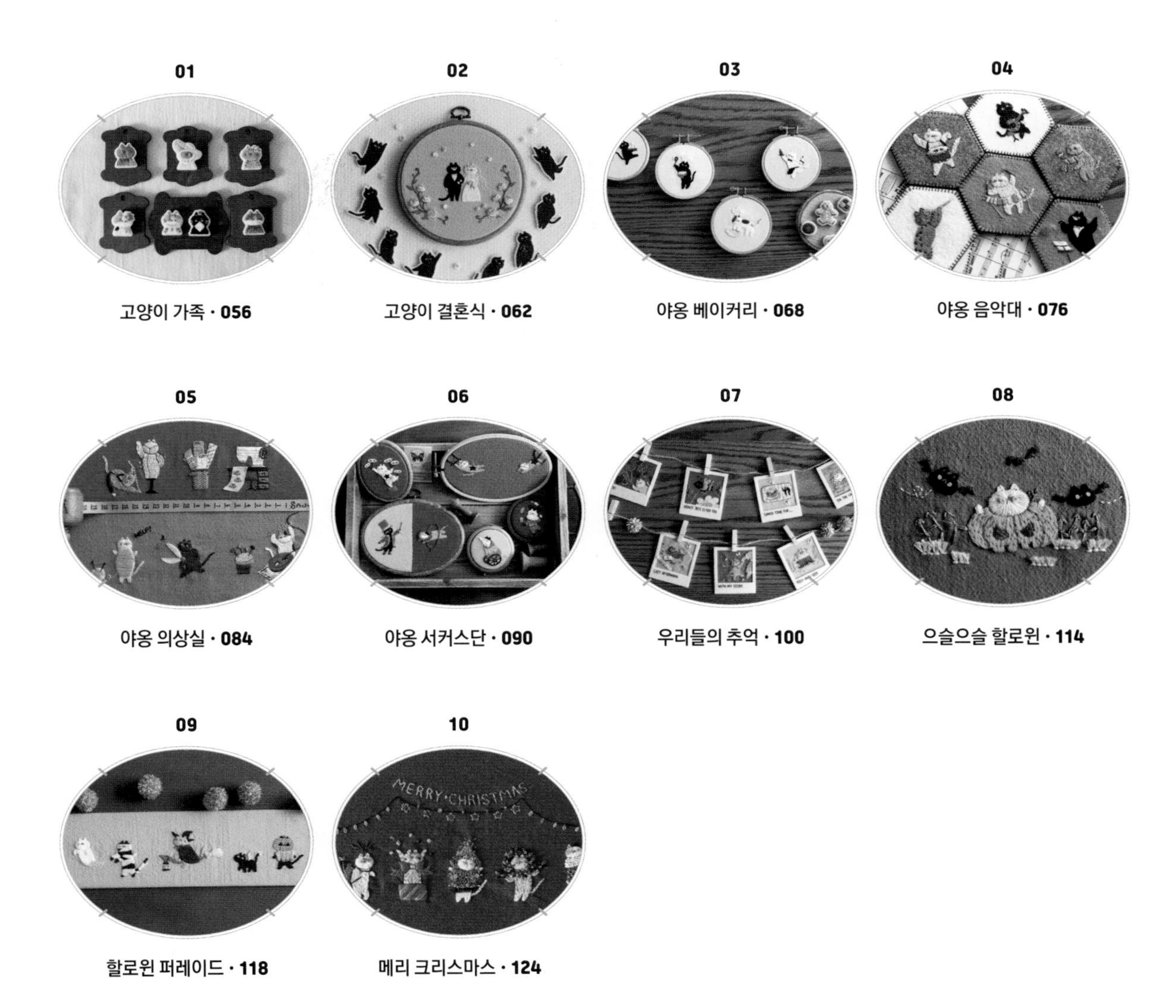
MERRY CHRISTMAS

PART 02

동화 속 고양이 자수

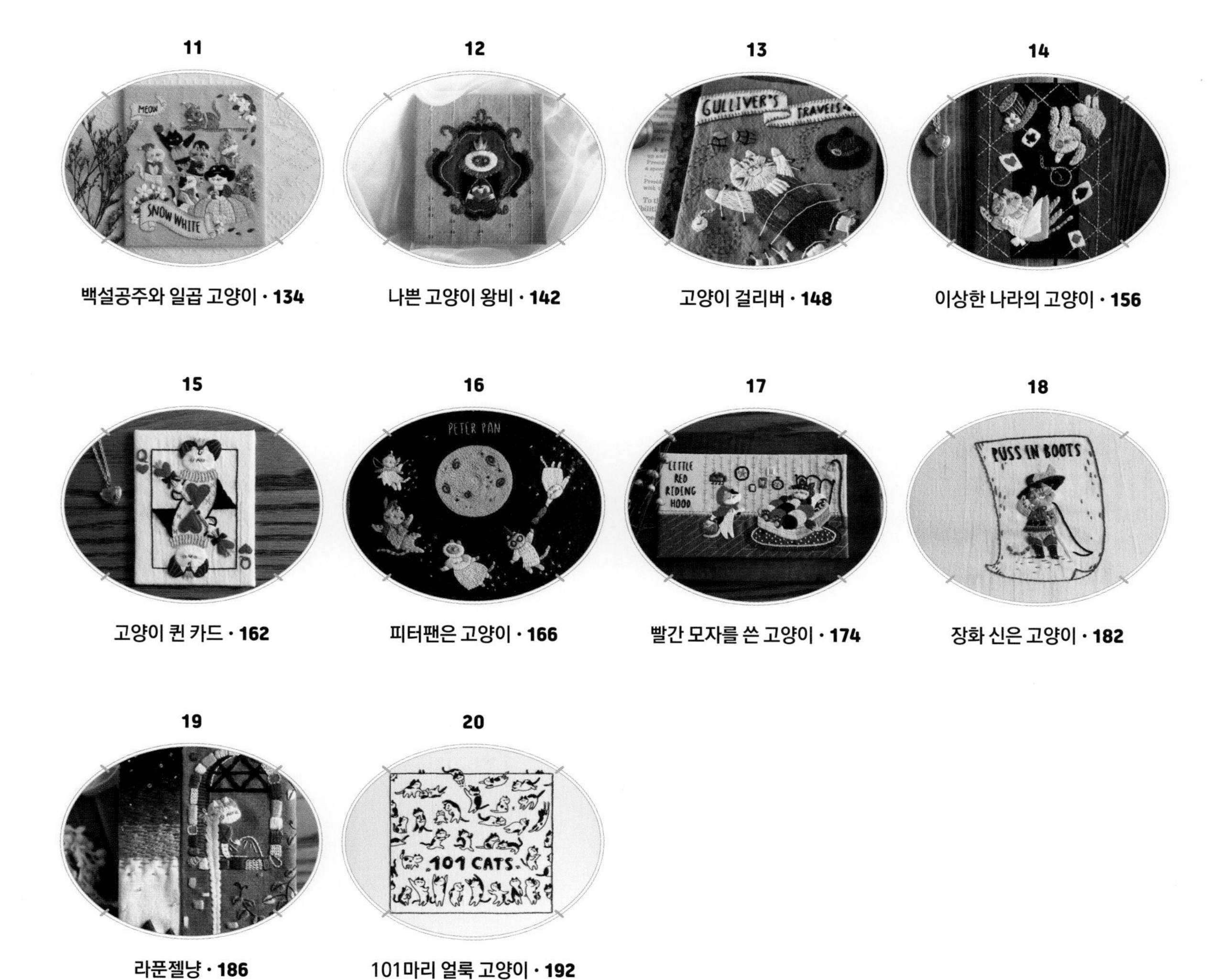
MEOW
SNOW WHITE
GULLIVER'S
TRAVELS
PETER PAN
LITTLE RED RIDING HOOD
PUSS IN BOOTS
101 CATS

BASIC

시작하기 전에

Cat Embroidery

Basic 01

자수에 필요한 재료와 도구

● 수틀

원단을 고정해 자수를 편하게 할 수 있게 도와주는 도구입니다. 도안의 크기에 맞는 적당한 사이즈의 수틀을 사용합니다. 작업을 마친 뒤 그대로 액자로도 활용할 수 있습니다. 책상에 고정해서 사용할 수 있는 고정용 수틀도 있습니다.

● 자수 바늘

57-070
Clover
Embroidery 7~10
フランス刺しゅう針
No.7~10 取合せ

이 책에서는 클로버사의 자수 전용 바늘을 사용했습니다. 바늘 호수가 낮아질수록 바늘의 두께가 굵어지는데, 실 가닥 수에 따라 바늘 크기를 조정합니다.

● 자수 실

※이 책에서는 5종류의 실을 사용하였습니다.

DMC사의 25번사

일반적으로 자수에서 가장 많이 사용하는 실입니다. 총 6 가닥이 한 가닥으로 엮여 있어, 필요한 가닥 수만큼 나누어 사용합니다.

DMC사의 메탈릭사

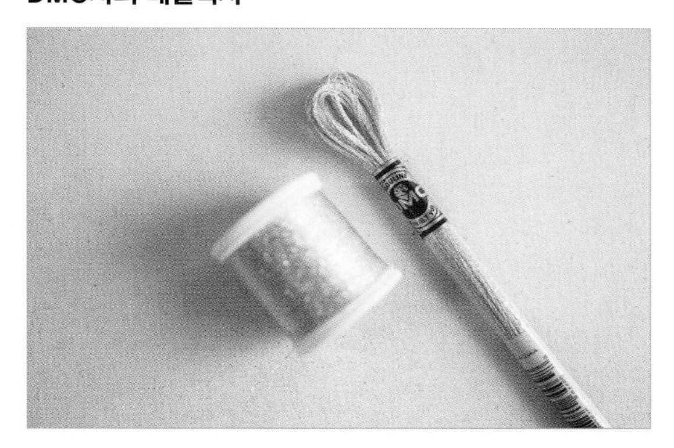

메탈 소재의 반짝거림이 느껴지는 실입니다. 신축성이 좋은 편이 아니라 끊어지는 경우가 있습니다. 꼬임과 끊어짐에 주의하여 사용합니다.

마데이라사의 스파클링 메탈릭사

MADEIRA
Col. 24
No.40 200m

DMC사의 메탈릭사와 비슷한 질감입니다. DMC사의 단종된 메탈릭사를 대체하여 사용하였습니다.

애플톤 울사

Appletons
861
Appletons
865

따뜻함과 포근함, 풍성함을 느낄 수 있는 실입니다.

투명사

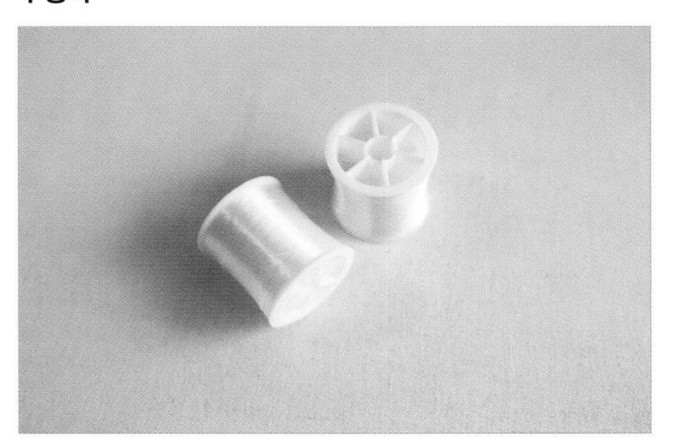

비즈와 스팽글을 달 때, 특유의 영롱함을 해치지 않는 투명한 실입니다. 일반 자수실보다 뻣뻣한 특징이 있어서 매듭이 잘 지어지도록 꼼꼼하게 신경 써야 합니다.

● 자수 가위

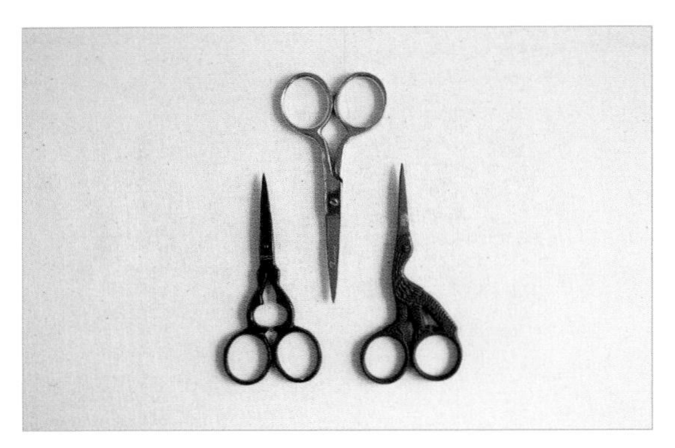

끝이 뾰족하고 날이 잘들어 자수실을 자를 때와 섬세한 작업을 할 때 유용합니다.

● 원단용 가위

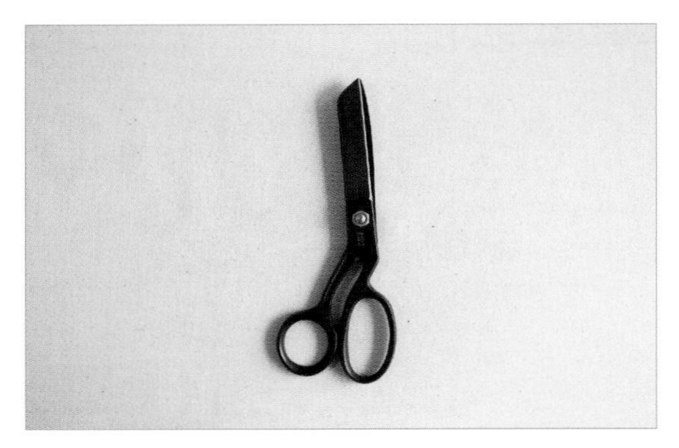

원단을 자를 때 사용하는 대체로 무겁고, 절삭력이 좋은 가위입니다. 기능이 떨어질 수 있으므로 원단을 자를 때만 사용하고, 다른 용도로는 사용하지 않는 것이 좋습니다.

● 원단

COTTONVILL
NO.07 #1087205 SOFT PEACH

자수에는 두께감이 있고, 올이 촘촘한 원단이 사용하기 좋습니다. 이 책에서는 고바야시사의 무지 면 원단과 천연 염색 원단, 천가게의 린넨 무지 원단, 코튼빌의 워싱 린넨 원단을 주로 사용하였습니다. 4가지 원단 모두 다양한 색감과 자수하기 좋은 질감을 가졌습니다.
다만, 고바야시사의 무지 원단은 국내 수입 양이 많지 않으므로, 천가게 린넨 무지와 코튼빌 워싱 린넨 원단에서 비슷한 색감을 대체하여 사용할 것을 추천합니다.

● 펠트지

와펜을 만들거나 액자를 만드는 용도로 사용합니다. 이 책에서는 1.2mm와 2mm의 하드 펠트지를 주로 사용하였습니다.

• 자수용 펜

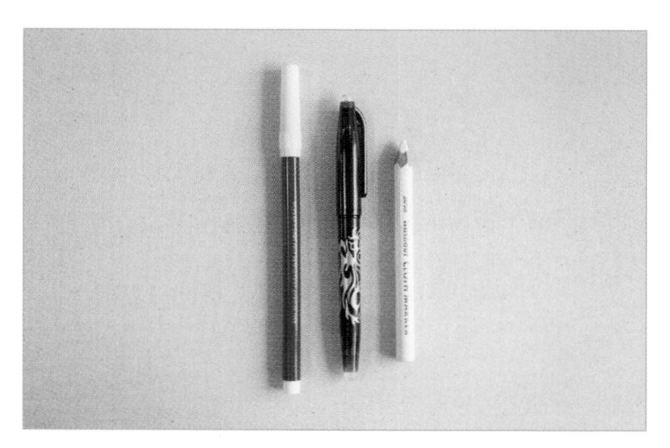

원단에 도안을 옮길 때에 사용합니다. 물에 지워지는 수용성 펜과 열로 지울 수 있는 열펜, 초크펜 등이 있습니다.

• 트레이싱지

도안을 따라 그릴 때 이용하는 반투명한 종이입니다. 트레이싱 용지에 도안을 따라 그린 후 먹지나 라이트 박스를 이용해서 도안을 옮길 수 있습니다.

• 철필과 원단용 먹지

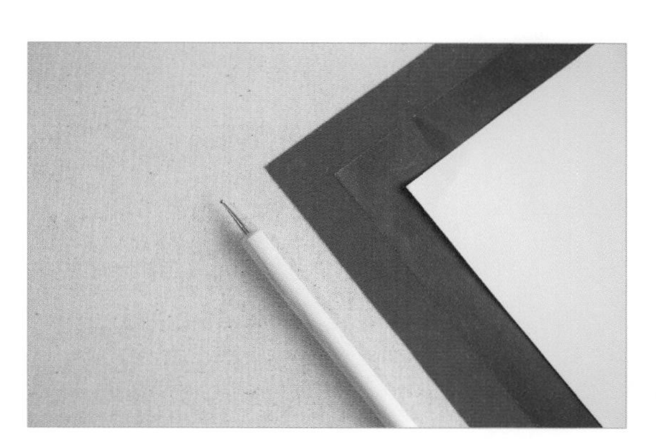

원단에 도안을 옮길 때 사용합니다. 원단→먹지→도안 순으로 쌓은 후 철필로 도안을 따라 그리면 원단에 도안 모양으로 먹이 묻어나옵니다.

• 라이트 박스

GAOMON

빛이 나오는 판 형태의 기구입니다. 빛 투과를 이용해 도안을 원단에 옮길 때 이용합니다. 저는 가오몬 LED 라이트 박스를 사용했습니다.

• 자수용 수용성 심지

부직포 질감의 수용성 심지입니다. 주로 어두운 원단이나 펠트지에 도안을 옮길 때 사용합니다. 자수를 마친 후에 물에 헹궈주면 깔끔하게 녹아 없어집니다.

• 올풀림 방지액

ピケ
Piqué
ドライ・洗たくOK
ほつれ止め

매듭을 지은 실을 더 단단하게 보강하기 위해서 사용하거나 원단의 가장자리에 보풀이 생기는 것을 방지하기 위해 사용합니다.
이 책에서는 고양이 눈의 형태를 잡아주거나 리본 풀림 방지를 위해서도 사용했습니다.

• 수예용 본드

Clover
クロバー
ボンド
手芸用

원단에도 사용 가능한 수예용 본드입니다. 와펜과 액자를 만들 때 두루 사용되는 재료입니다.

• 비즈, 스팽글, O링

자수에 특별한 느낌을 더할 때 사용합니다. 이 책에서 사용된 비즈는 미유끼사의 유리 비즈입니다. 마감이 깔끔해 고급스러운 비즈입니다.

Basic 02

자수의 기초

● 원단 준비하기

사용할 원단은 가볍게 세탁한 후에 잘 다려 준비합니다.

● 도안 옮겨 그리기

라이트 박스 사용하기

라이트 박스→도안→원단 순으로 쌓은 후 자수용 펜을 이용해 따라 그립니다. 이때 도안을 트레이싱 용지에 옮겨 사용하면 빛이 더 잘 투과되어 따라 그리기 쉽습니다.
햇빛이 비치는 창문을 이용해서 천연 라이트 박스 효과를 낼 수도 있습니다.

먹지와 철필 사용하기

원단→먹지→도안 순으로 놓은 채 철필을 이용해 도안을 따라 그립니다. 이때 도안이 찢어지거나 상하지 않게 하려면 트레이싱지에 도안을 옮긴 후 사용하면 좋습니다. 먹지의 질에 따라 완벽하게 옮기기 힘든 경우가 있는데, 이럴 땐 형태만 가볍게 옮긴 후 빈 부분은 수용성 펜으로 덧그려 이용하면 됩니다.

수용성 심지 사용하기

어두운 원단이나 펠트지에 도안을 옮길 때 이용하면 좋습니다. 도안을 옮긴 심지를 원단 위에 시침질로 고정한 뒤 수를 놓습니다. 자수를 마친 후 물에 10분 이상 담가 둔 다음, 흐르는 물에 씻어내면 깔끔하게 지울 수 있습니다.
심지에 도안을 옮길 때 열펜을 이용하면 수용성 펜이나 초크펜보다 더 섬세한 작업이 가능합니다. 자수를 마친 후에 드라이어를 이용해 열펜 자국을 지워낸 후 심지를 물에 씻어내면 깔끔하게 마무리할 수 있습니다(심지 위의 열펜 자국을 지울 때는 다리미를 이용하지 않습니다).

● 수틀에 원단 끼우기

수틀의 안쪽 틀을 아래에 놓고 그 위에 원단을 올린 후 바깥 틀로 감싸줍니다. 원단을 팽팽하게 유지할 수 있도록 수틀의 나사를 조여줍니다.

바늘에 실 꿰기

1_ 실을 적당한 길이로 잘라 원하는 가닥 수만큼 나누어 줍니다. 한 가닥씩 나누어 주면 꼬이지 않고 더 쉽게 나눌 수 있습니다.

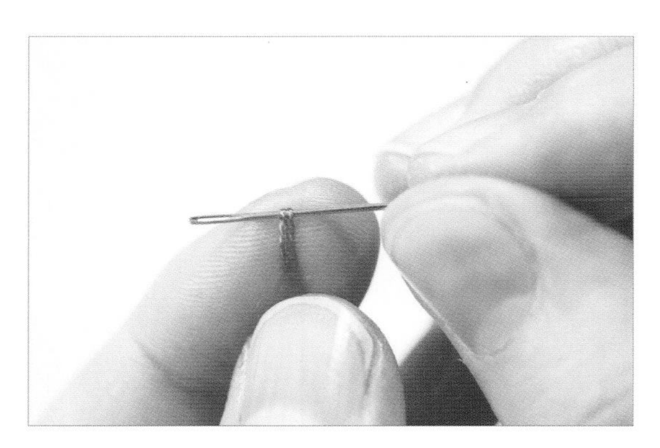

2_ 실 끝을 바늘귀에 대고 반으로 접어줍니다.

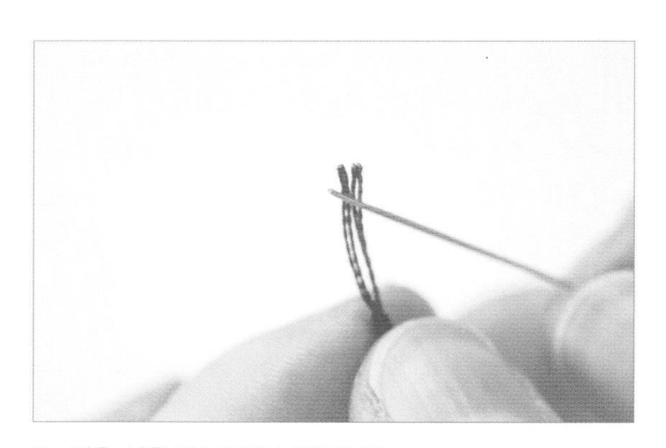

3_ 접은 실을 바늘귀에 넣어줍니다.

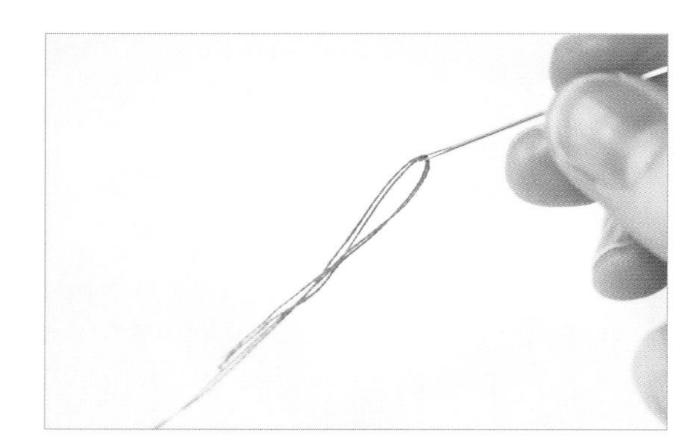

4_ 실을 통과시킵니다.

● 실 매듭짓기

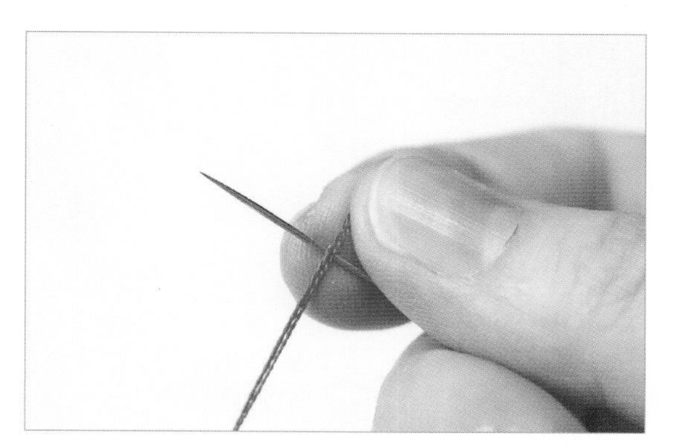

1_ 바늘에 통과 시킨 실의 한쪽 끝을 바늘과 함께 잡아줍니다.

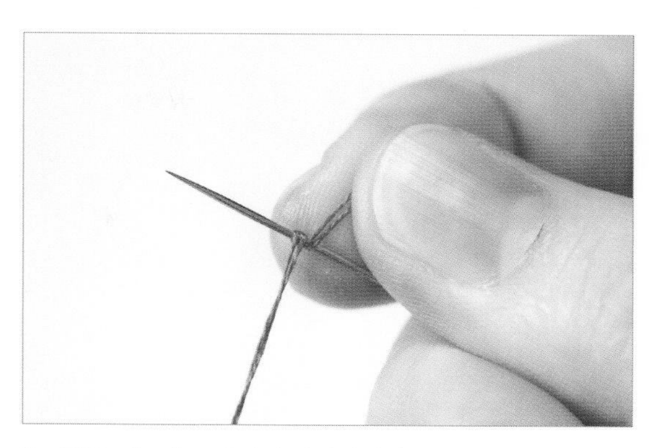

2_ 실을 바늘에 1~2바퀴 감아줍니다.

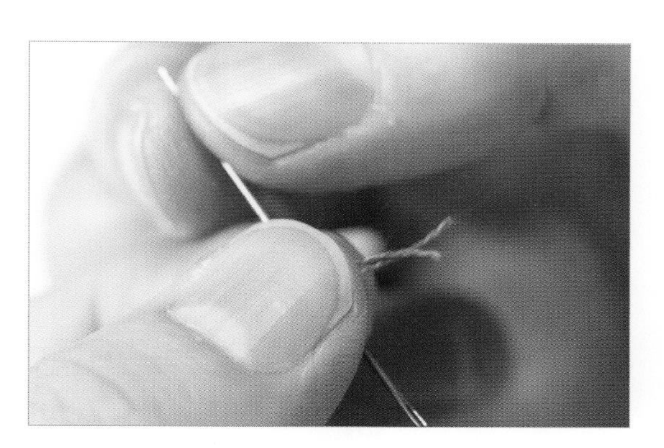

3_ 감은 매듭을 손으로 잡고 바늘을 빼냅니다.

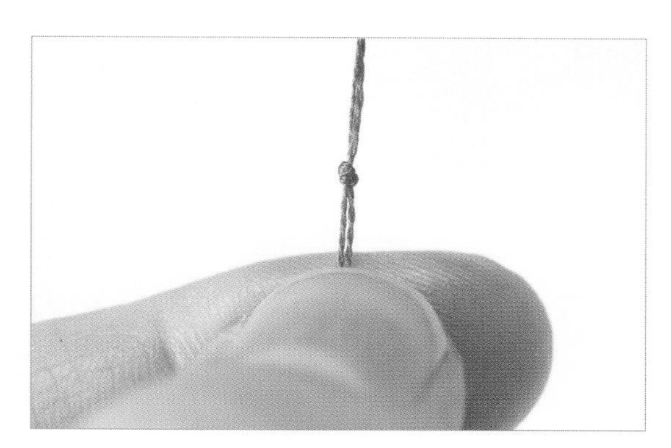

4_ 끝까지 잡아 당겨 매듭을 완성합니다.

● 실 마무리하기

매듭짓기

1_ 실로 둥근 원 모양을 만들어 가운데로 바늘을 빼냅니다.

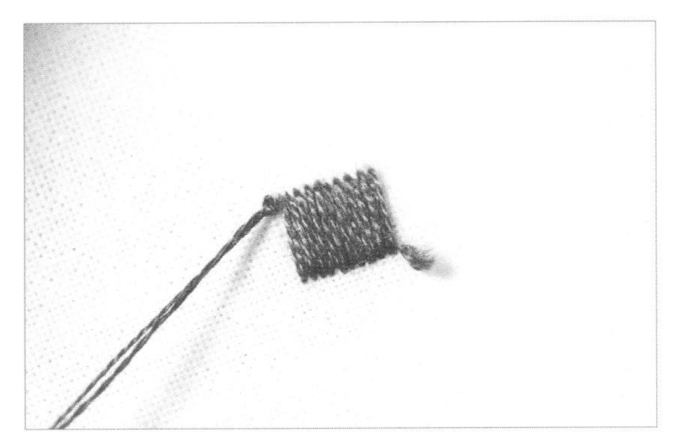

2_ 실을 천천히 당기면서 매듭이 원단에 딱 붙게끔 매듭지어줍니다.

감추기

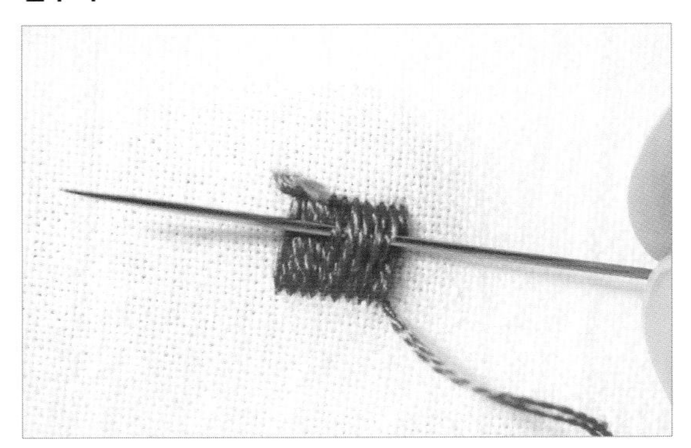

1_ 뒷면에 실이 모인 부분으로 여러 방향으로 통과시킵니다.

2_ 깔끔하게 잘라줍니다.

Basic 03

이 책에 사용한 스티치

● 스트레이트 스티치

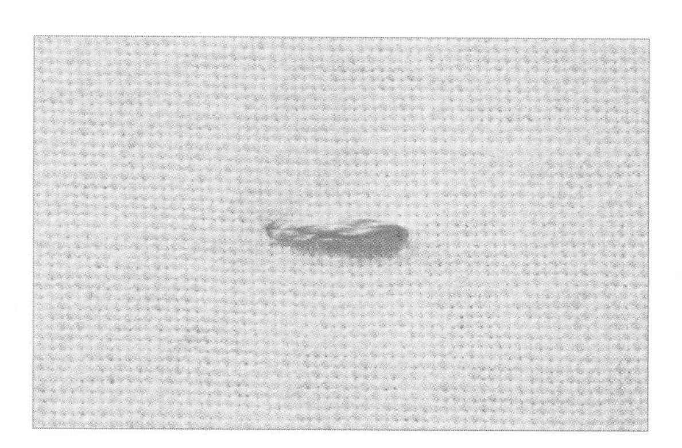

한 땀을 놓습니다.

● 시드 스티치

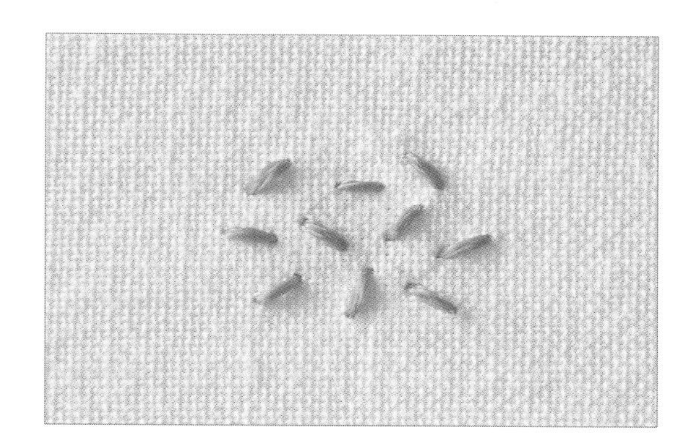

스트레이트 스티치를 자유롭게 배열합니다.

● 크로스 스티치

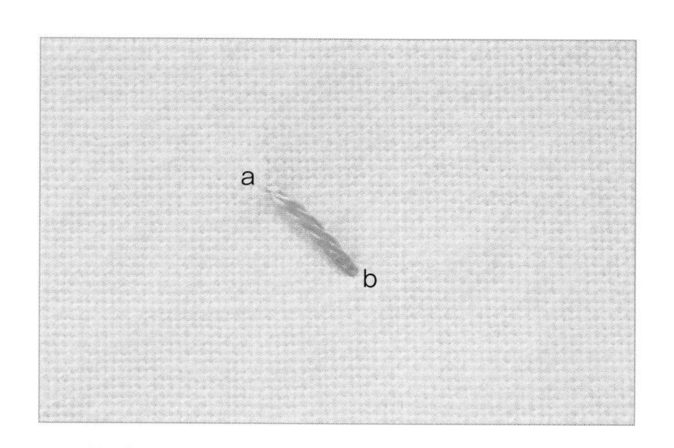
a
b

1_ 바늘을 a에서 빼서 b로 넣습니다.

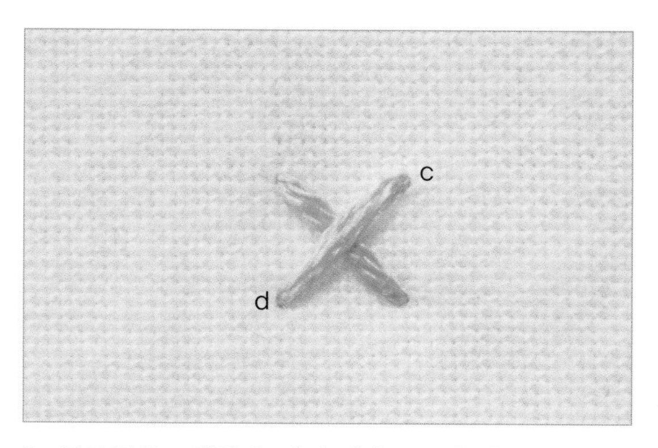
c
d

2_ 앞의 땀을 교차하여 c에서 빼서 d로 바늘을 넣습니다.

번들 스티치

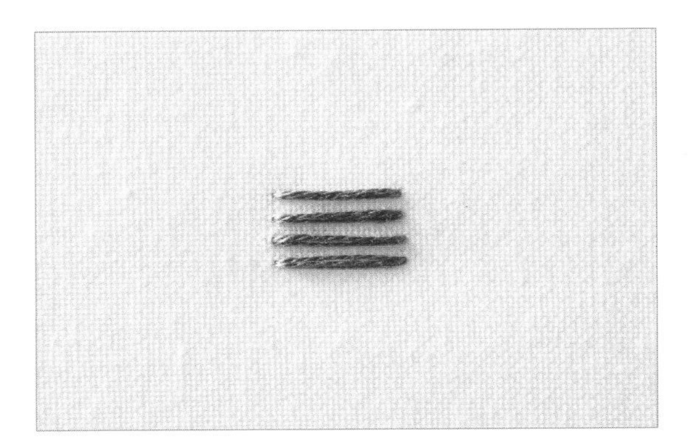

1_ 나란한 땀들을 수놓습니다.

2_ 땀들의 중앙 위치에서 바늘을 뺍니다.

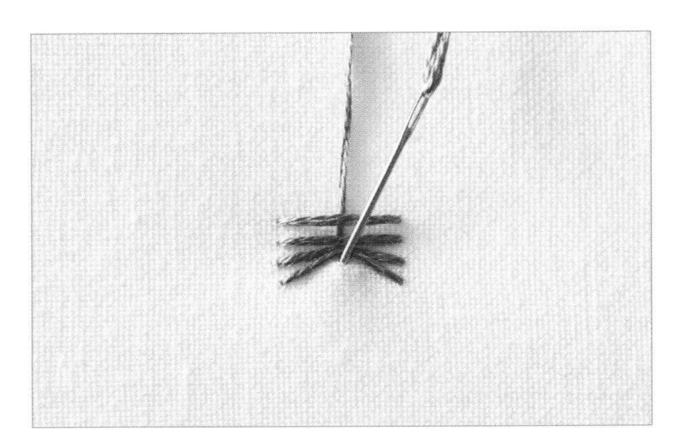

3_ 땀들을 감싸면서 같은 위치에 바늘을 다시 넣습니다.

4_ 실을 완전히 당겨 고정합니다.

● 새틴 스티치

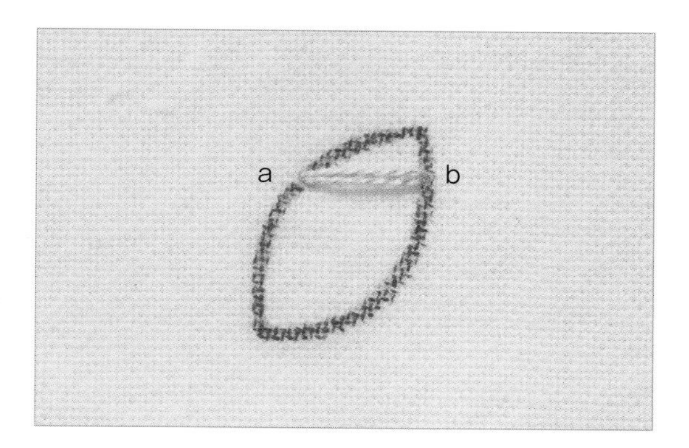
a
b

1_ 바늘을 a에서 빼서 b로 넣습니다.

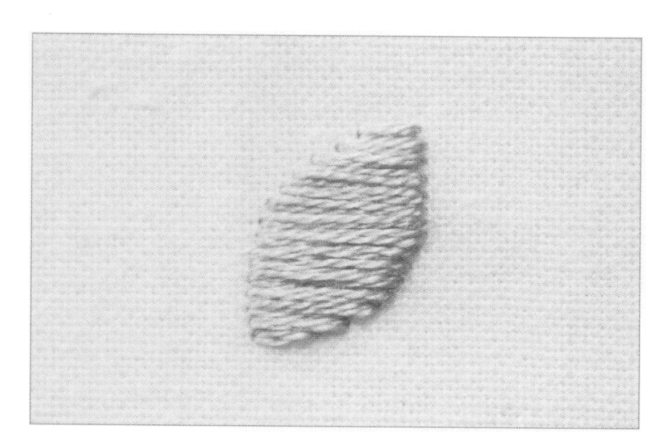

2_ 1번을 반복해 나란히 땀을 채워갑니다.

● 롱 앤드 쇼트 스티치

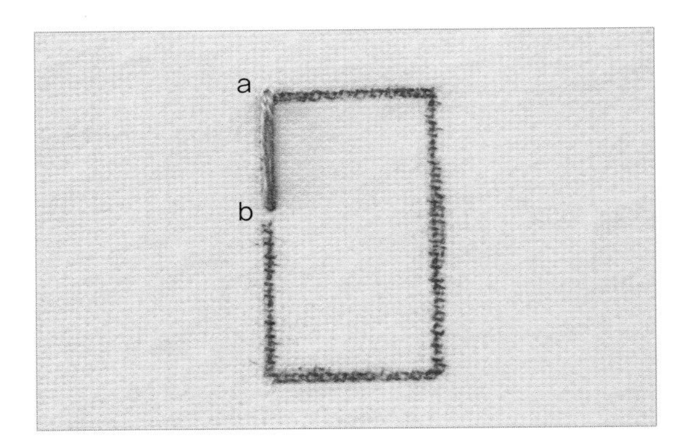
a
b

1_ 바늘을 a에서 빼서 b로 넣습니다(긴 땀).

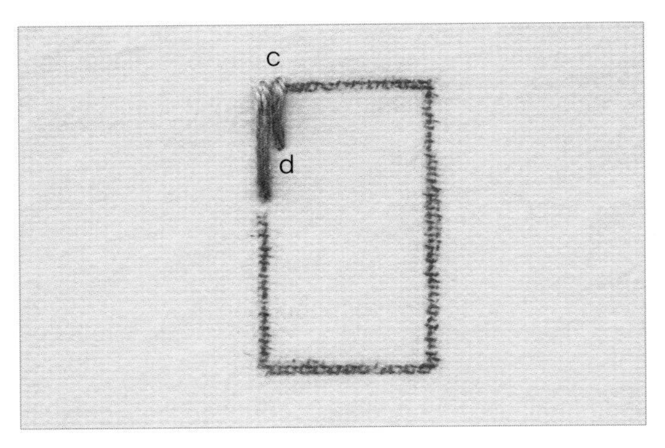
c
d

2_ 바늘을 c에서 빼서 d로 넣습니다(짧은 땀).

3_ 긴 땀과 짧은 땀을 반복해서 한 단을 완성합니다.

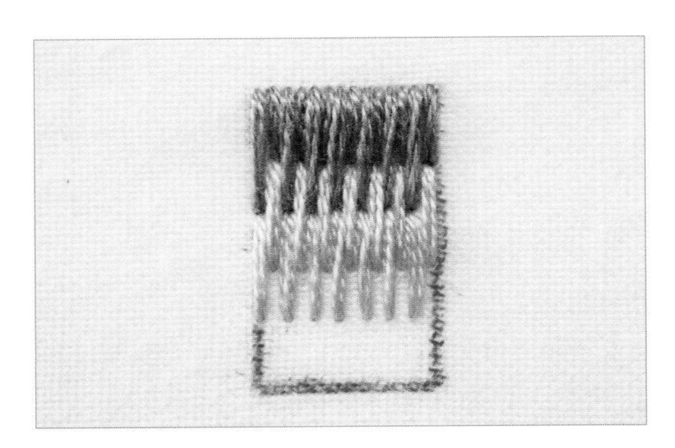

4_ 다음 단부터는 땀의 길이를 같게 하여 채웁니다.

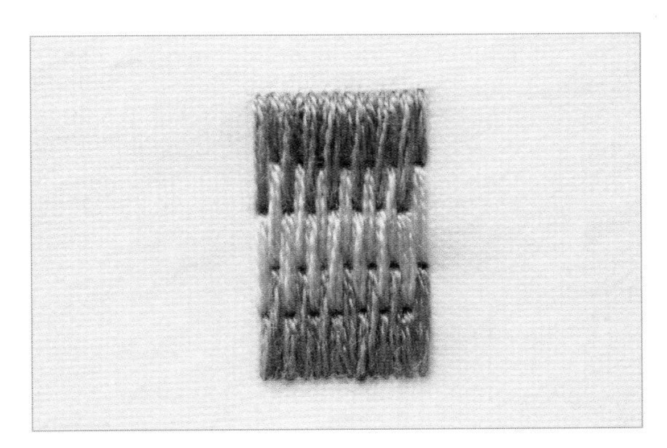

5_ 마무리할 때는 채울 면적에 맞추어 긴 땀과 짧은 땀을 반복합니다.

● 프리 스티치

1_ 짧은 땀과 긴 땀을 자유롭게 사용하여 면을 채웁니다.

2_ 완성된 모습

● 스플릿 백 스티치

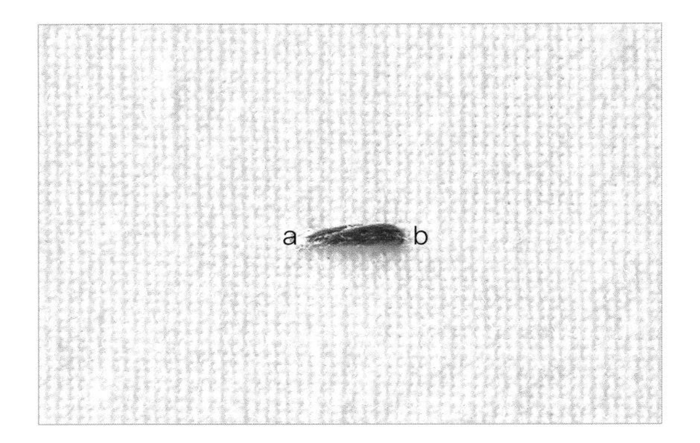

a
b

1_ 바늘을 a에서 빼서 b로 넣습니다.

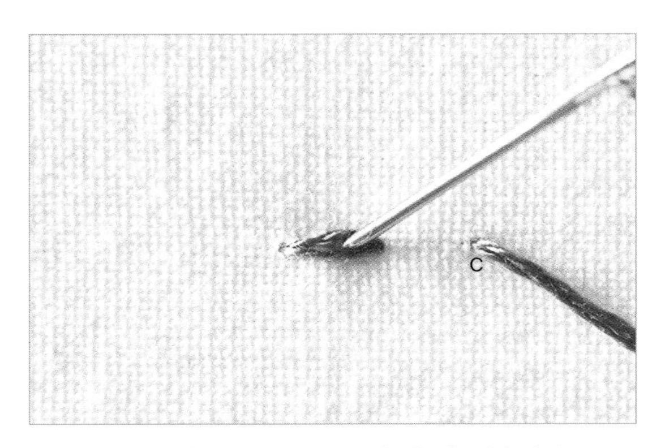

c

2_ c에서 바늘을 빼고 땀을 가르며 바늘을 넣습니다.

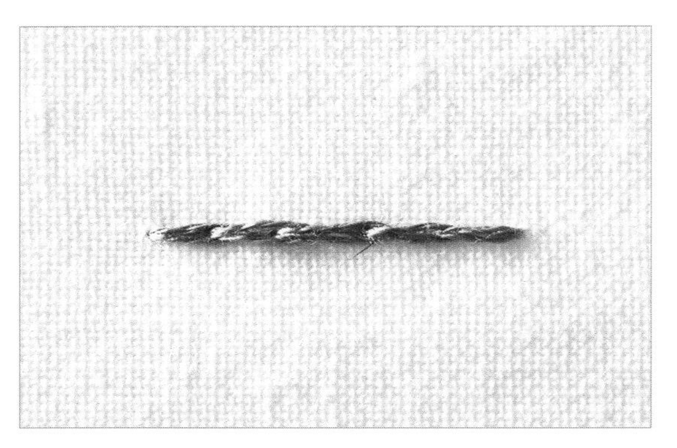

3_ 앞의 과정을 반복합니다.

● 플라이 스티치

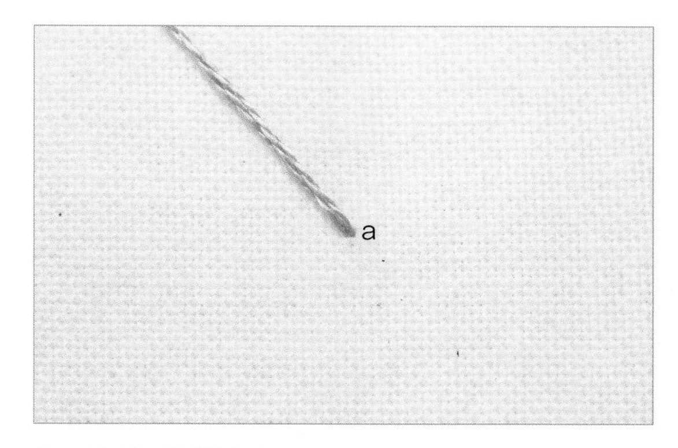
a

1_ a로 바늘을 뺍니다.

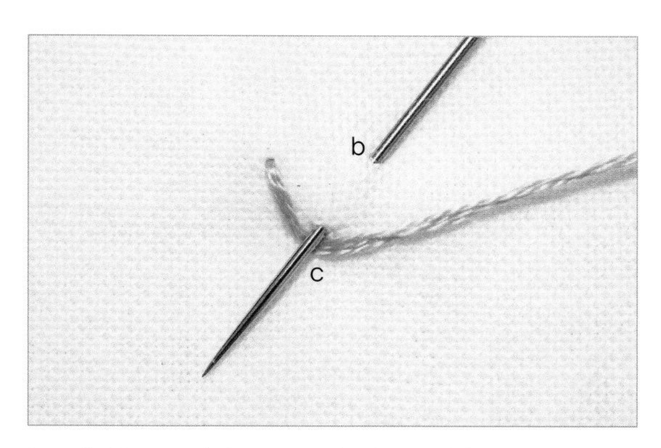
b
c

2_ 바늘을 b로 넣어 c로 뺄 때, 바늘에 실을 걸쳐 뺍니다.

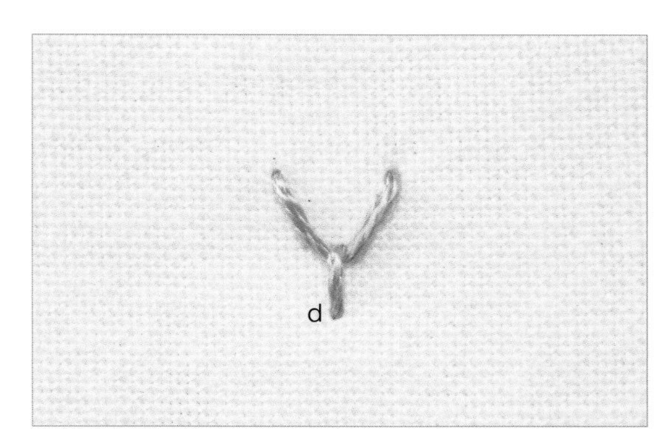
d

3_ d로 바늘을 넣습니다.

● 아우트라인 스티치

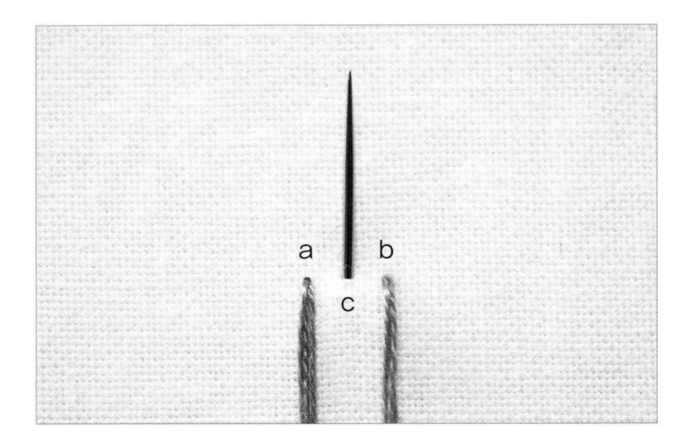

a
b
c

1_ 바늘을 a에서 빼서 b로 넣은 후 a와 b의 중간 위치인 c에서 바늘을 뺍니다.

2_ 같은 방향으로 반복합니다.

● 체인 스티치

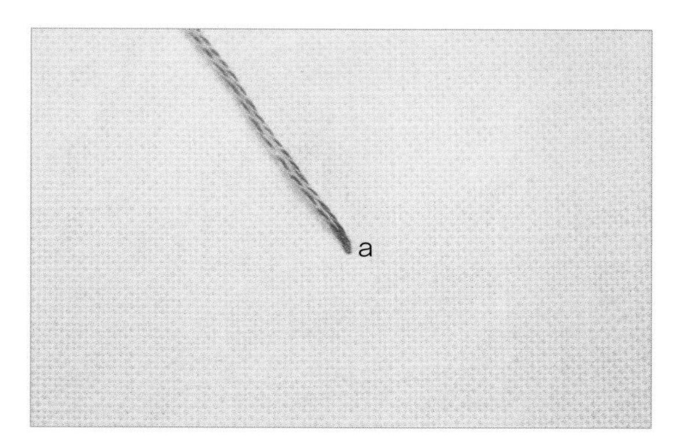
a

1_ 바늘을 a에서 뺍니다.

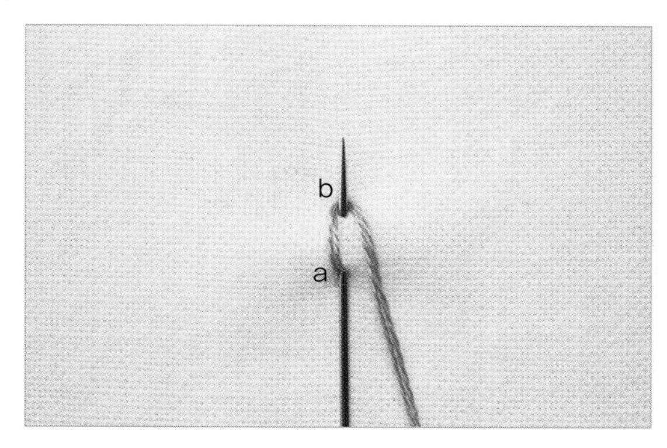
b
a

2_ 바늘을 a로 다시 넣고 b로 뺀 후 바늘에 실을 걸쳐 빼냅니다.

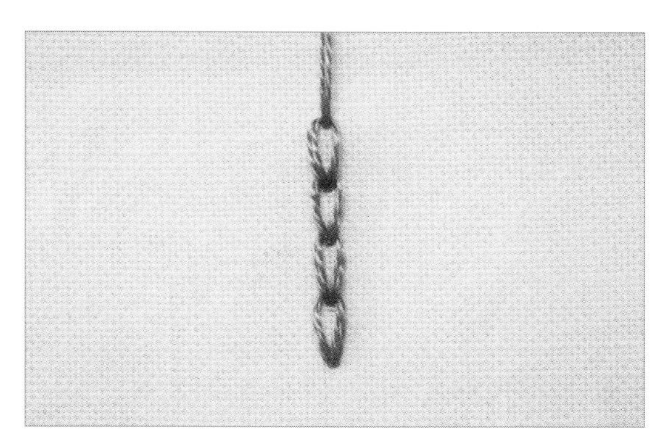

3_ 위 과정을 반복합니다.

4_ 마무리는 실을 걸었던 땀 위치로 돌아갑니다.

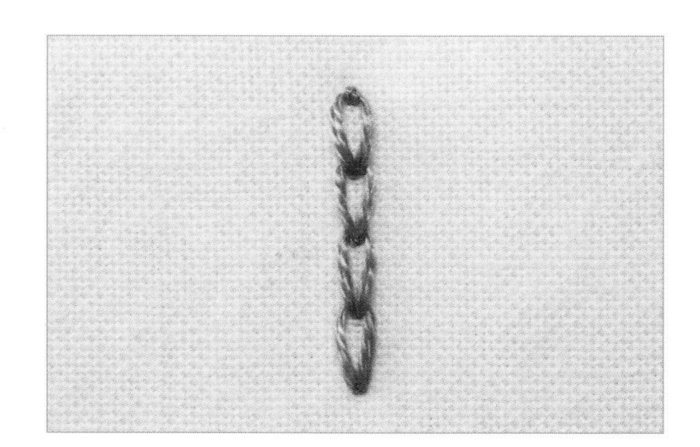

5_ 완성된 모습

● 레이지 데이지 스티치

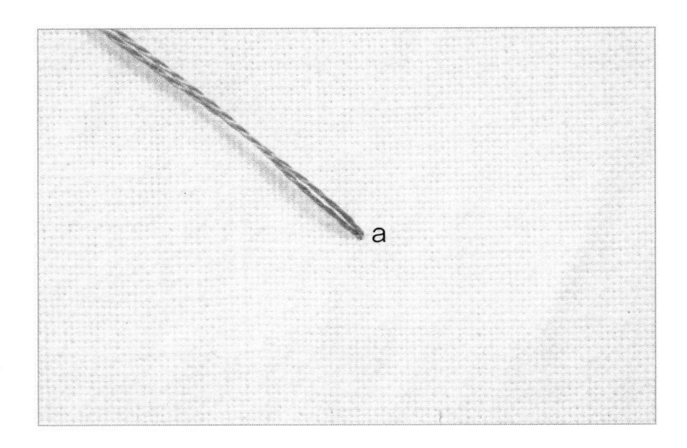
a

1_ a에서 바늘을 뺍니다.

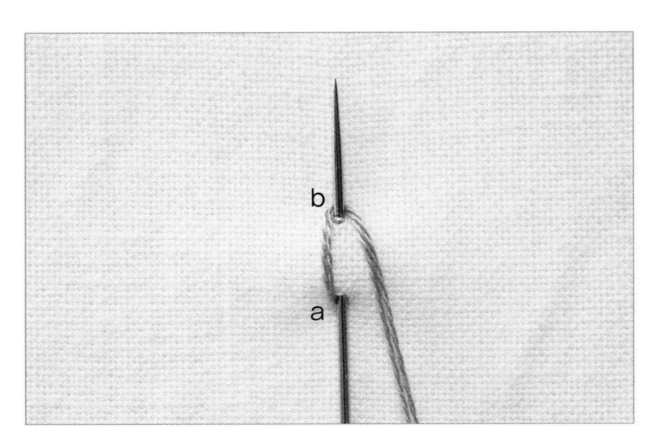
b
a

2_ 바늘을 a로 다시 넣고 b로 뺀 후 바늘에 실을 걸칩니다.

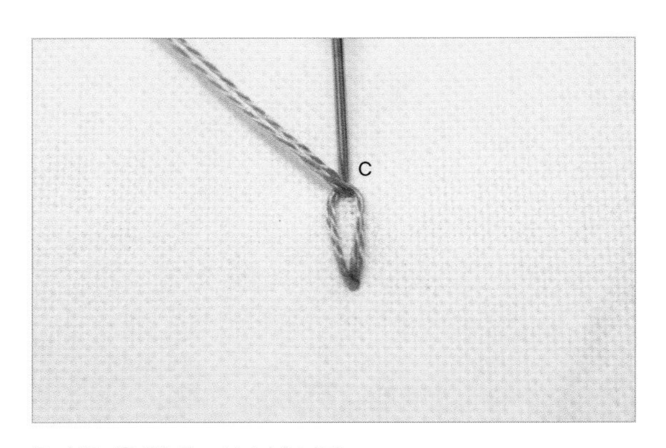
c

3_ 바늘을 뺀 후 c로 넣습니다.

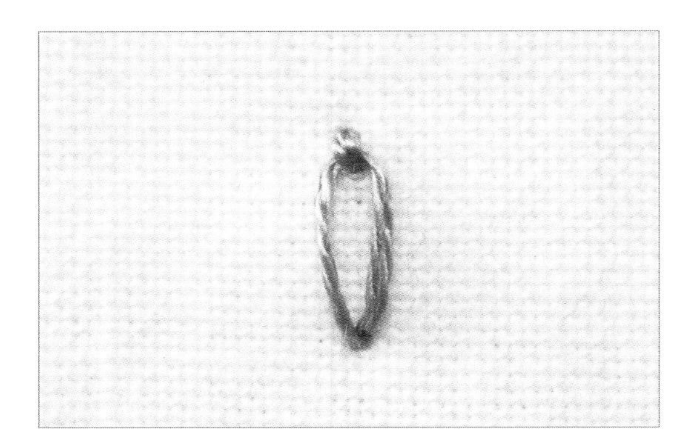

4_ 완성된 모습

● 링 스티치

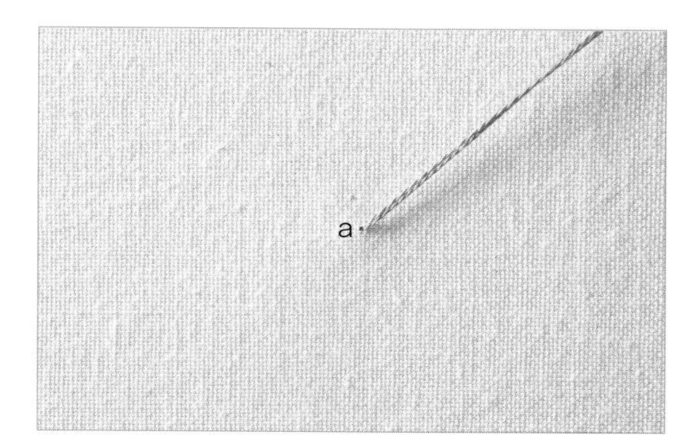
a

1_ a에서 바늘을 뺍니다.

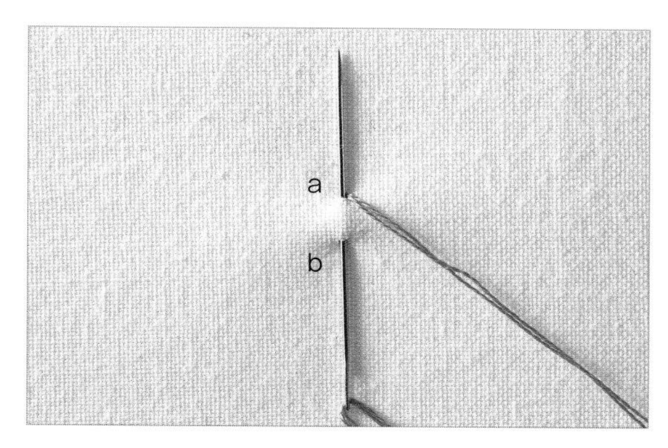
a
b

2_ b와 a에 바늘을 걸칩니다.

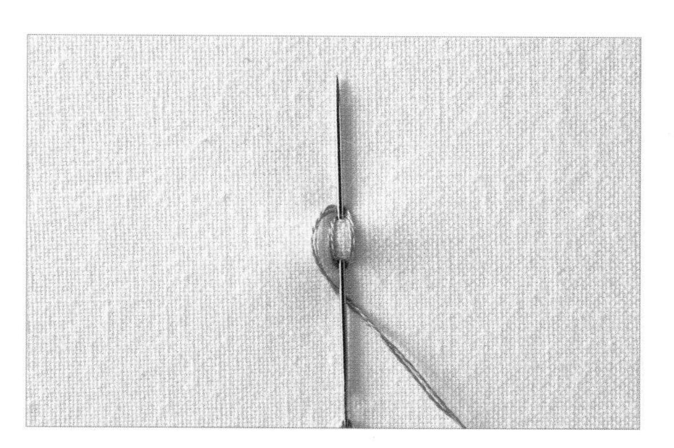

3_ 바늘 뒤쪽으로 원하는 만큼 실을 감아줍니다.

4_ 바늘을 끝까지 당겨 원형의 고리를 만듭니다.

5_ 고리의 양 끝을 짧은 스트레이트 스티치로 고정합니다.

● 프렌치 노트 스티치

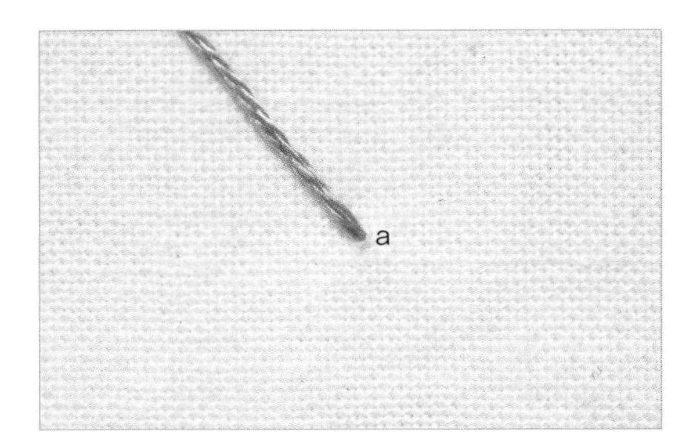
a

1_ 바늘을 a에서 뺍니다.

2_ 바늘에 실을 감고 다시 a로 바늘을 넣습니다(실을 감는 횟수로 크기를 조절할 수 있습니다).

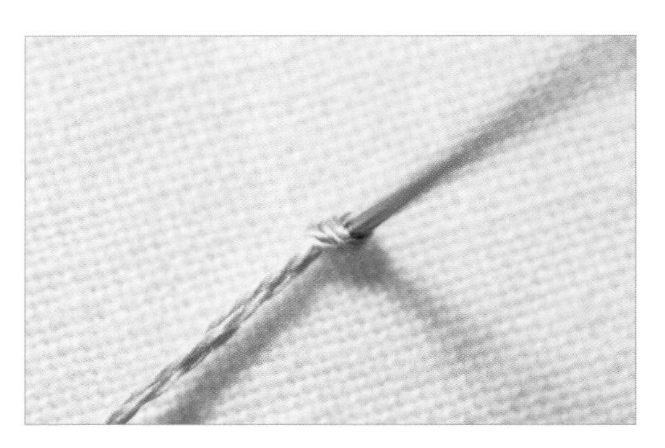

3_ 매듭을 적당히 당겨 원단에 밀착시킵니다.

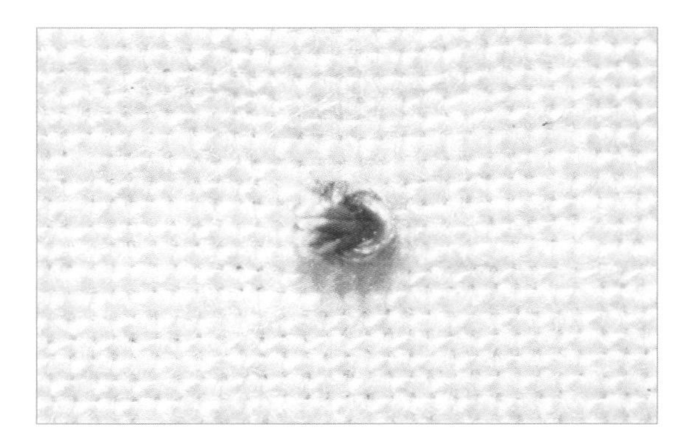

4_ 바늘을 통과시킵니다.

• 피스틸 스티치

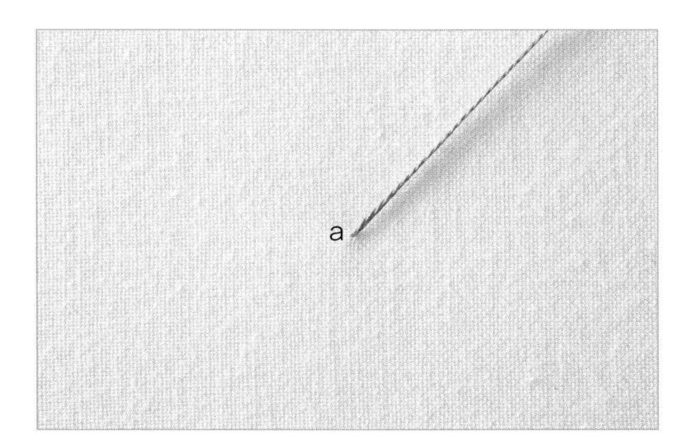
a

1_ 바늘을 a에서 뺍니다.

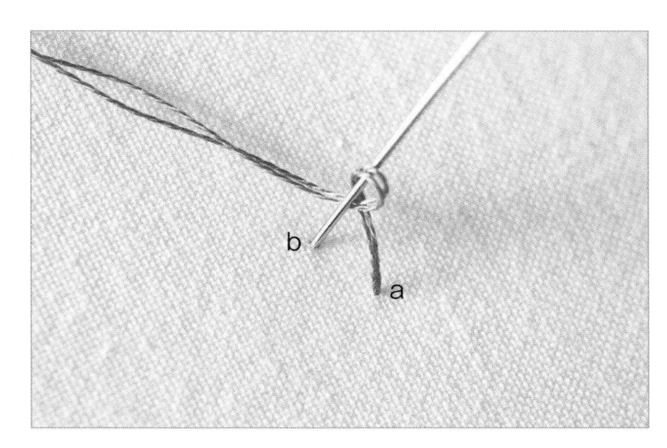
b
a

2_ 바늘에 실을 감고 다시 b에 바늘을 끼웁니다(실을 감는 횟수로 크기 조절을 할 수 있습니다).

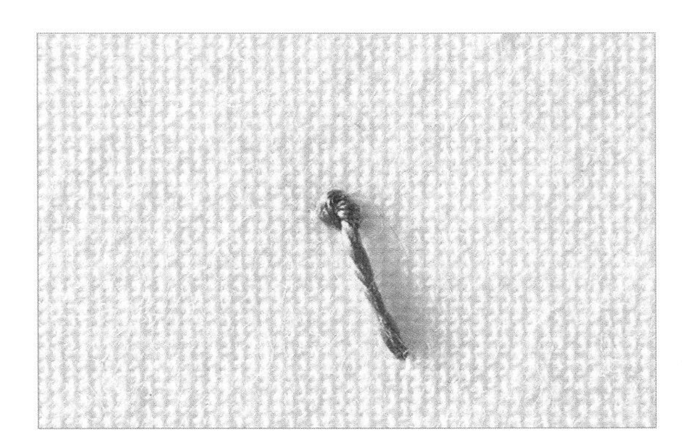

3_ 바늘을 통과시킵니다.

● 러닝스티치

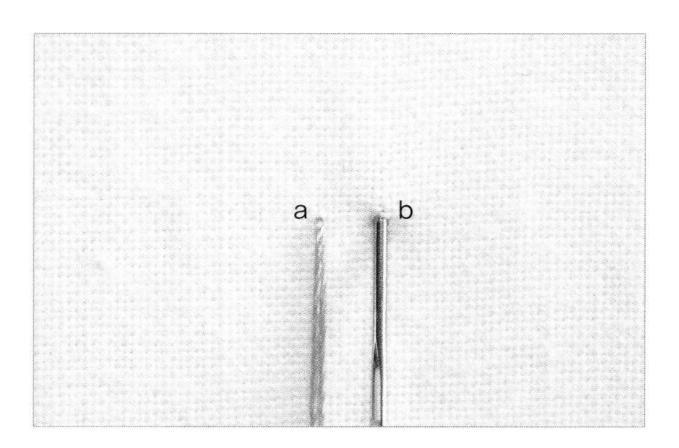

a
b

1_ 바느질에서의 홈질과 같이 바늘을 a에서 빼고 b로 넣습니다.

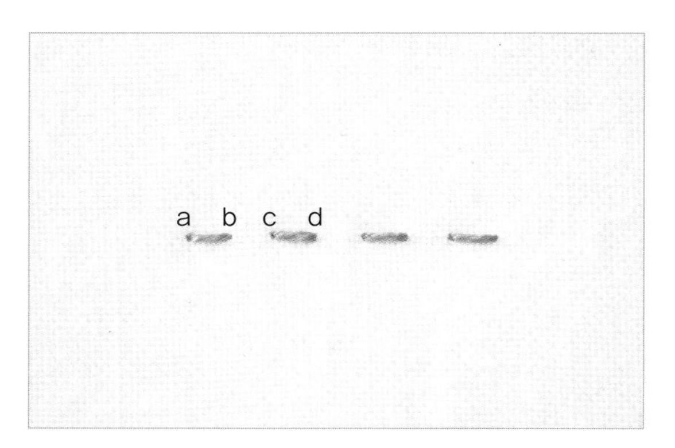

a b c d

2_ c에서 나와 d로 들어갑니다. 이 과정을 반복합니다.

● 백 스티치

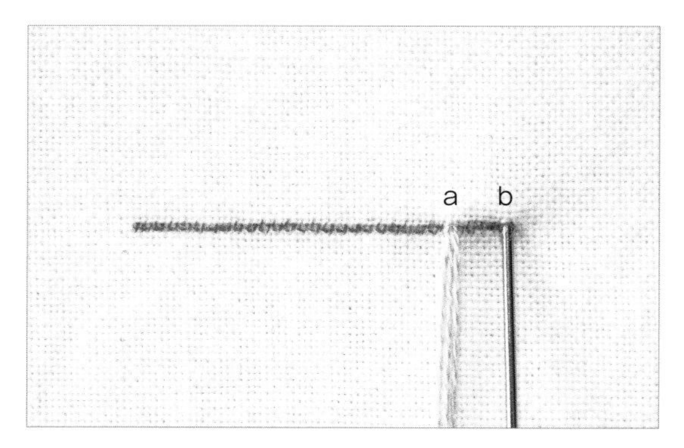

a
b

1_ 바늘을 a에서 빼서 b로 넣습니다.

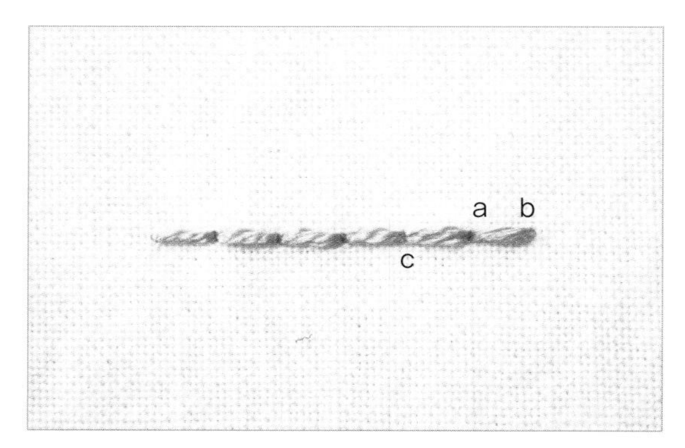

a b
c

2_ c로 나와 a로 들어갑니다. 이 과정을 반복합니다.

● 스레디드 백 스티치

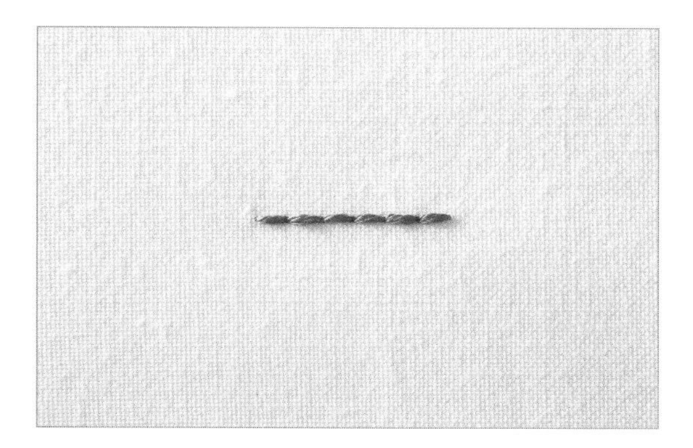

1_ 백 스티치를 수놓습니다.

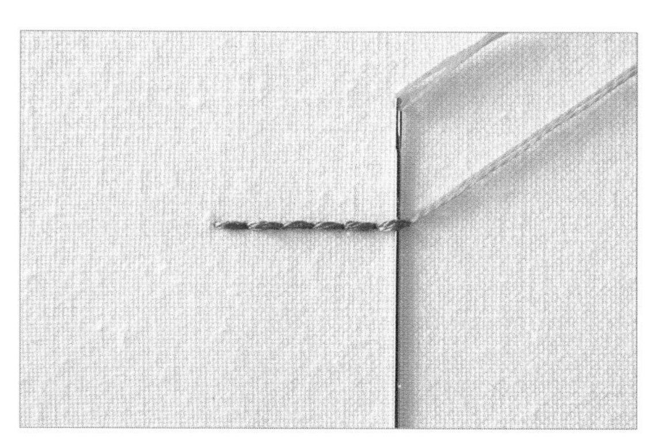

2_ 첫 땀 끝에서 바늘을 빼고 백 스티치 아래로 바늘을 통과시킵니다.

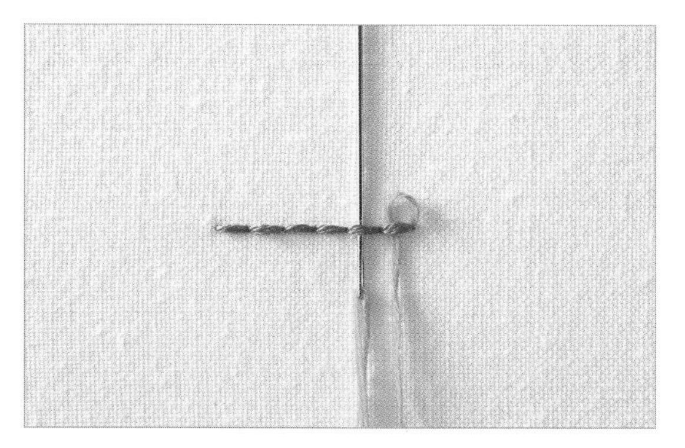

3_ 이번엔 반대 방향에서 바늘을 통과시킵니다.

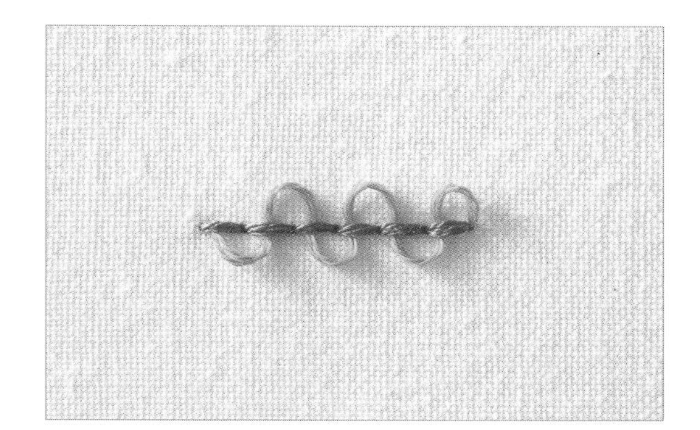

4_ 끝까지 반복합니다.

● 휘프트 백 스티치

1_ 백 스티치를 수놓습니다.

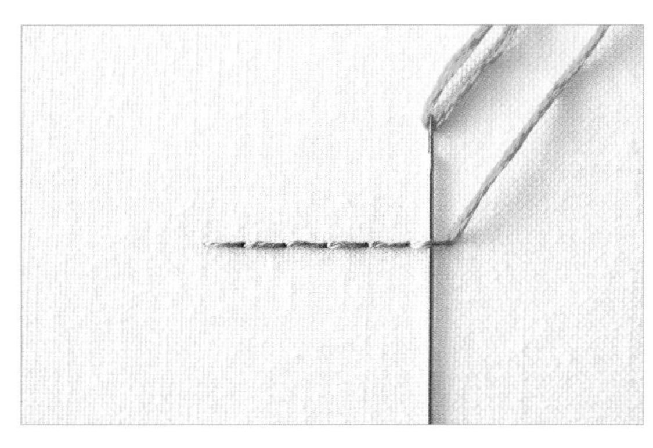

2_ 첫 땀 끝에서 바늘을 빼고 백 스티치 사이로 바늘을 통과시킵니다.

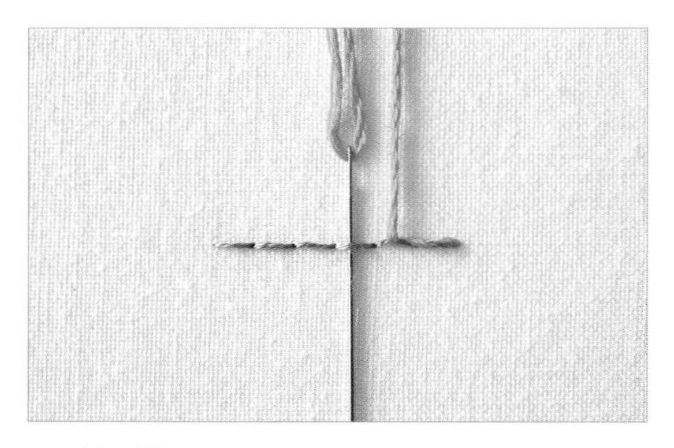

3_ 같은 방향으로 계속해서 통과시킵니다.

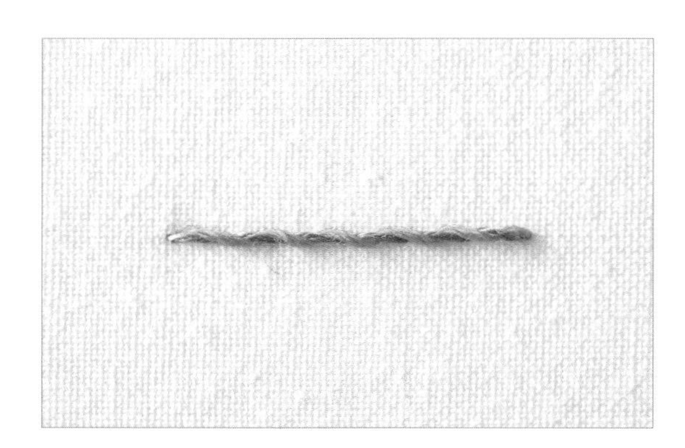

4_ 완성된 모습

● 스미르나 스티치

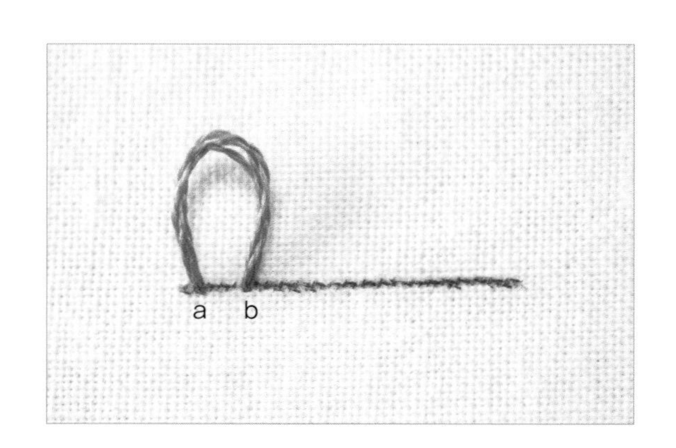
a
b

1_ 바늘을 a에서 빼서 b로 넣는데, 이때 실을 완전히 당기지 않고 고리 모양을 만듭니다.

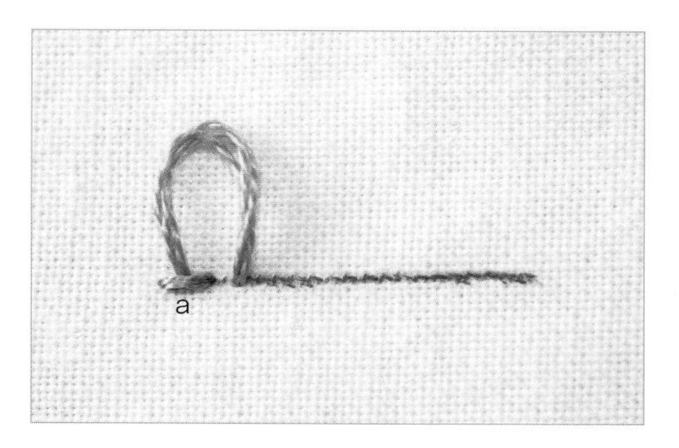
a

2_ a을 덮듯이 스트레이트 스티치를 놓습니다.

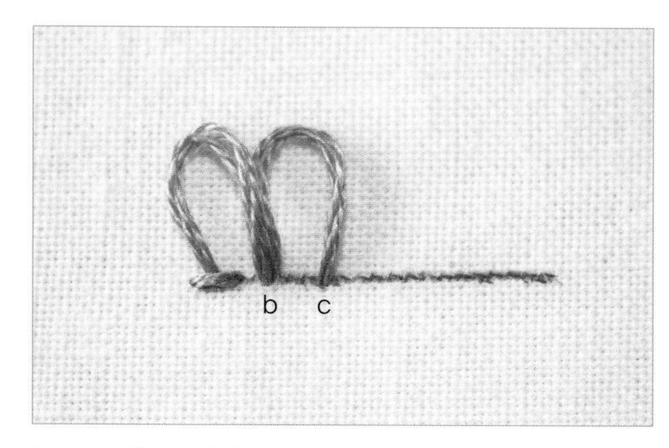
b c

3_ b로 바늘을 빼서 c로 넣습니다.

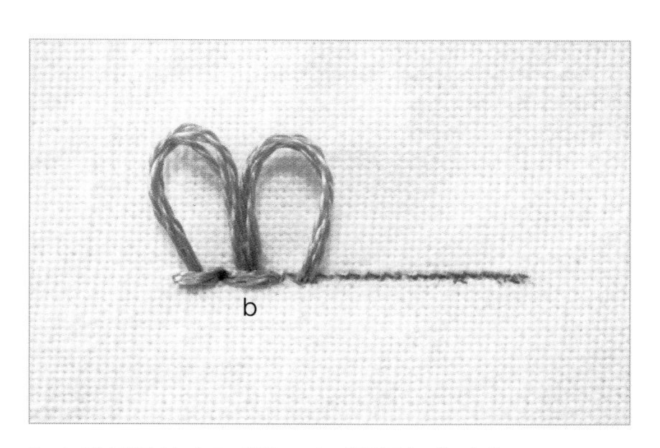
b

4_ b를 덮듯이 스트레이트 스티치를 놓습니다.

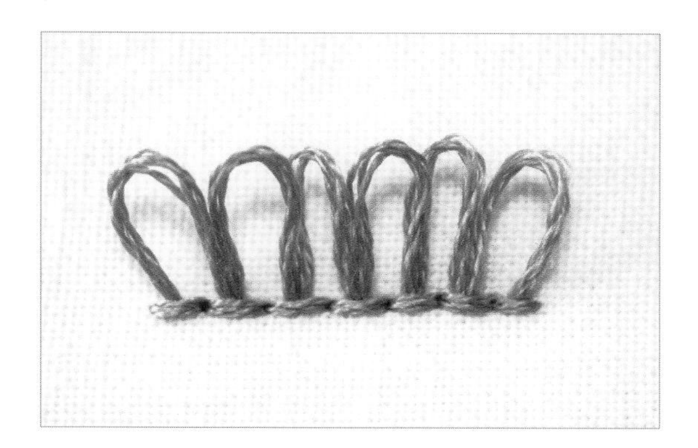

5_ 이 과정을 반복합니다.

6_ 가위로 고리를 자르고 길이를 다듬어줍니다.

7_ 완성된 모습

● 불리온 스티치

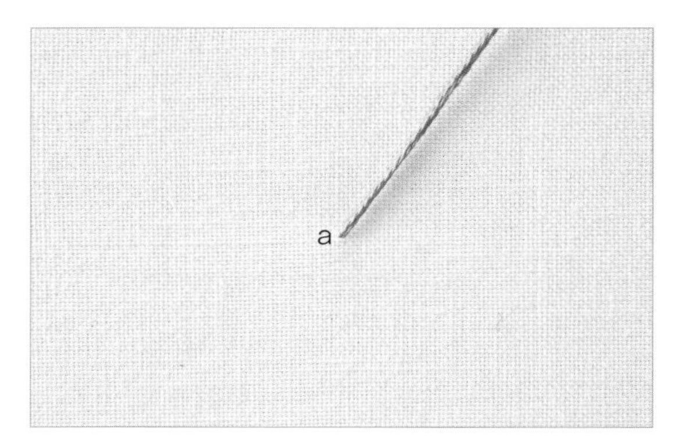
a

1_ a에서 바늘을 뺍니다.

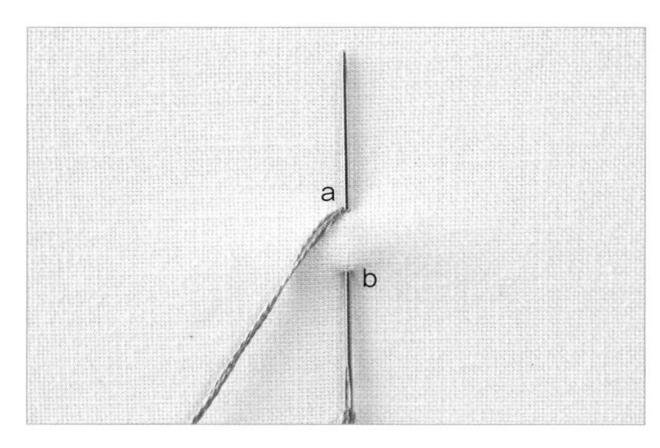
a
b

2_ b에서 a 방향으로 바늘을 걸칩니다.

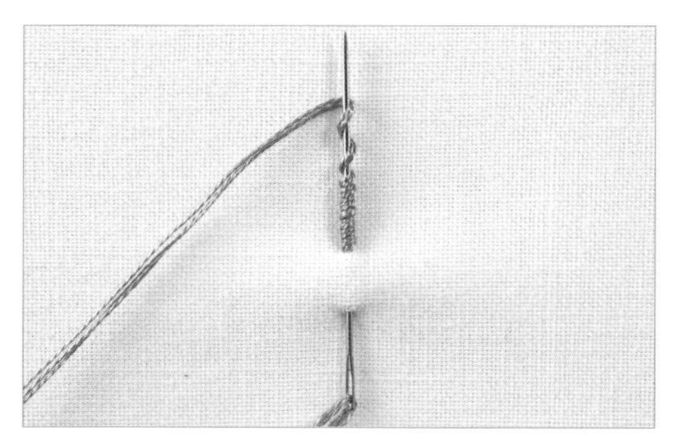

3_ 바늘대에 실을 원하는 만큼 감아줍니다.

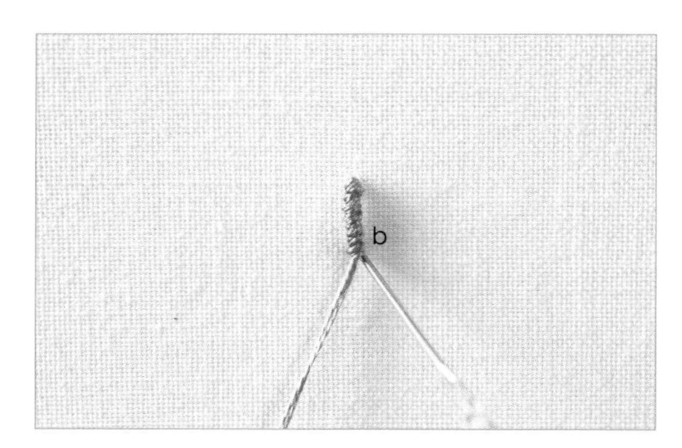
b

4_ 바늘을 완전히 당긴 후 b로 바늘을 넣습니다.

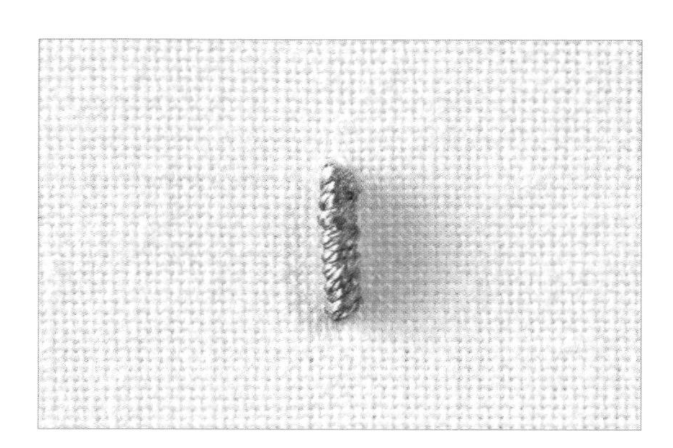

5_ 완성된 모습

● 불리온 노트 스티치

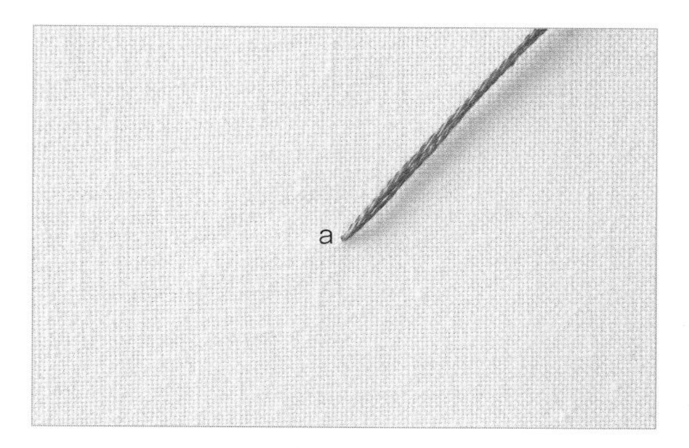
a

1_ a에서 바늘을 뺍니다.

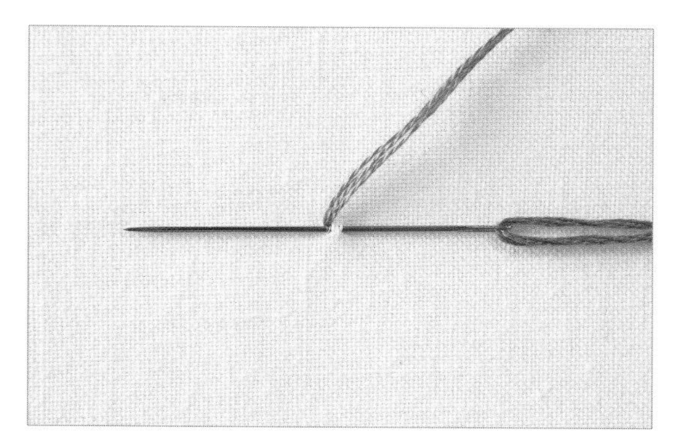

2_ 1mm 정도 간격을 두고 바늘을 걸칩니다.

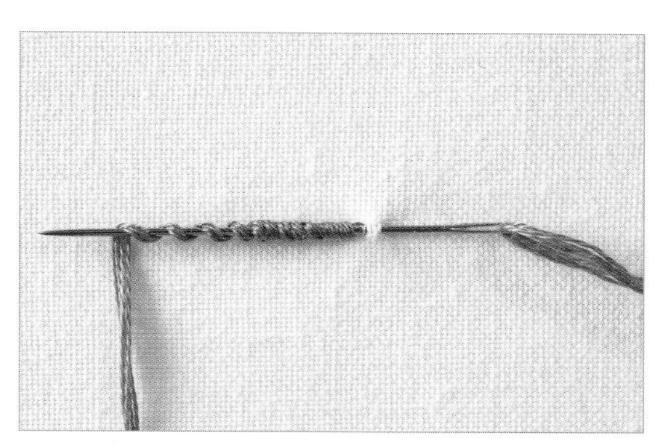

3_ 바늘대에 실을 원하는 만큼 감아 줍니다.

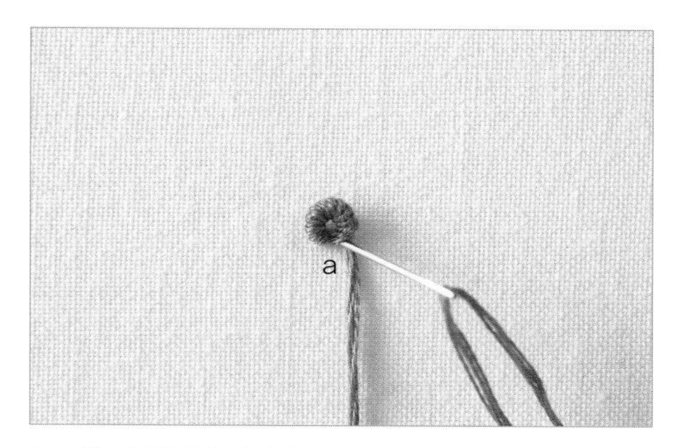
a

4_ 바늘을 완전히 당긴 후 a로 바늘을 넣습니다.

5_ 완성된 모습

● 캐스트 온 스티치

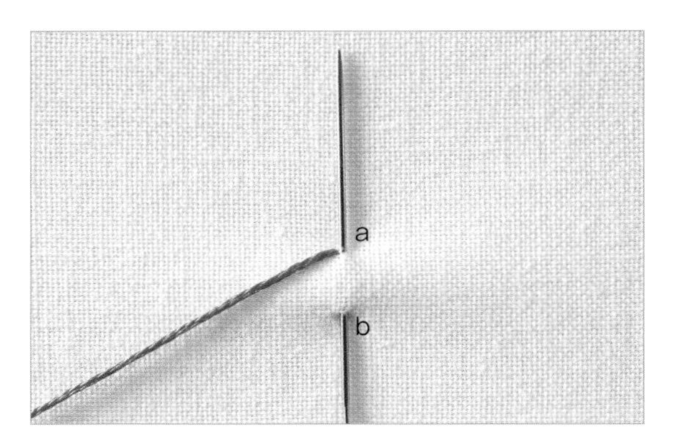
a
b

1_ a에서 바늘을 빼고, b에서 a 방향으로 바늘을 걸칩니다.

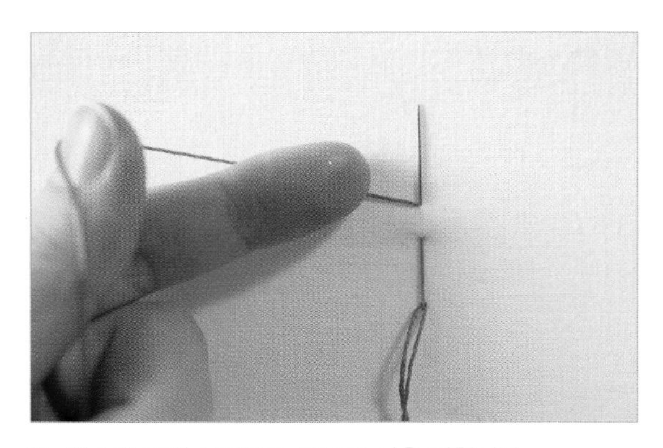

2_ 왼손을 가위 모양으로 만들고 실을 걸칩니다.

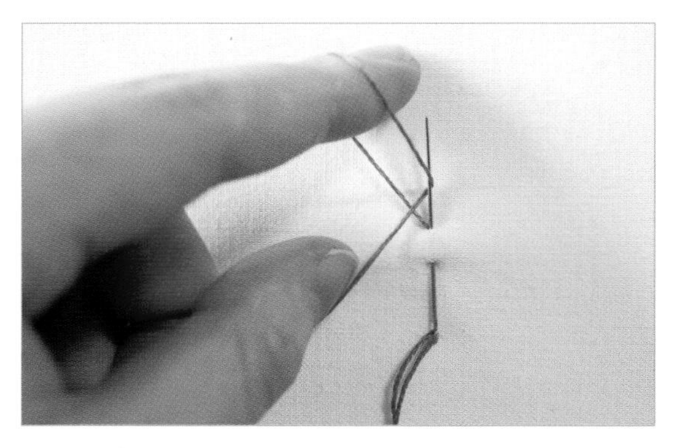

3_ 왼손을 뒤집어 고리를 만들고 바늘대에 원하는 만큼 걸어줍니다.

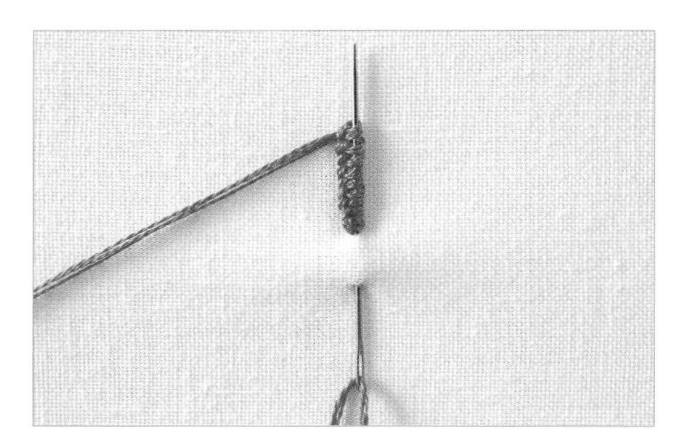

4_ 많이 감은 모습

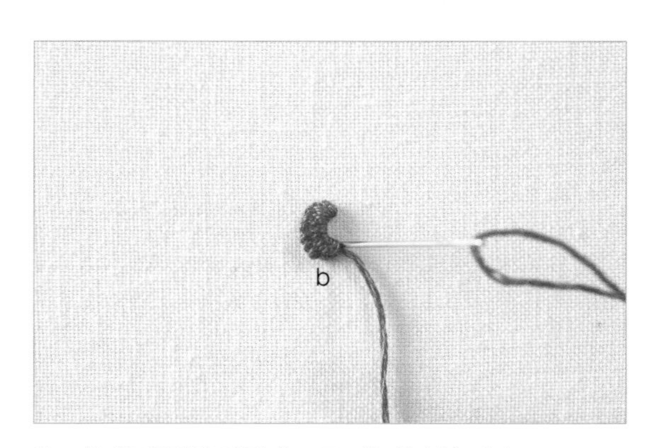
b

5_ 바늘을 완전히 당긴 후 b로 바늘을 넣습니다.

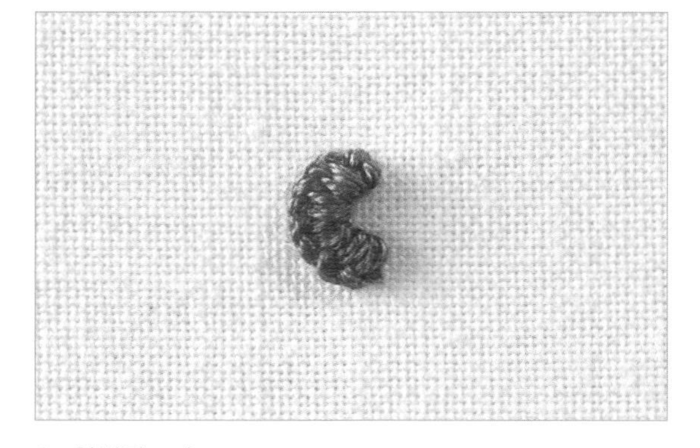

6_ 완성된 모습

● 피시본 스티치

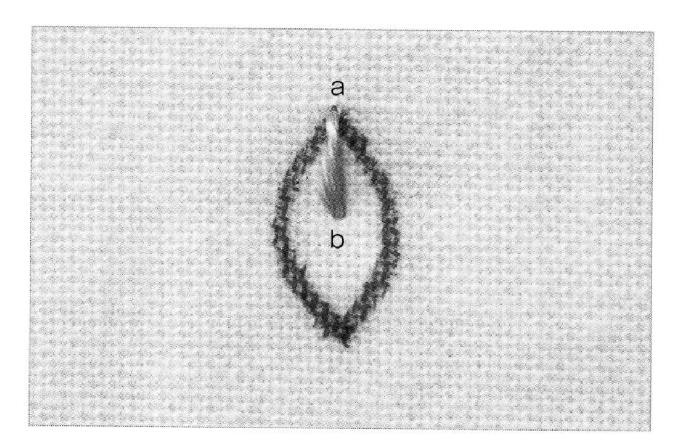

a
b

1_ 바늘을 a에서 빼서 b로 넣습니다.

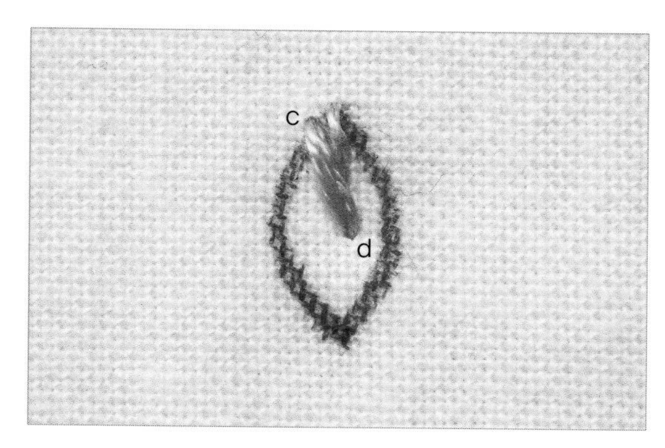

c
d

2_ c로 나와 b를 덮어 d로 들어갑니다.

e
f

3_ e로 나와 d를 덮어 f로 들어갑니다.

4_ 앞의 땀을 덮는 형식으로 반복합니다.

● 카우칭 스티치

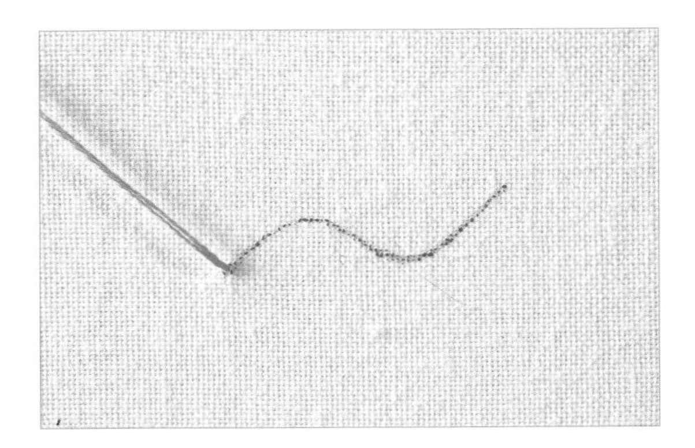

1_ 도안의 끝에서 바늘을 뺍니다.

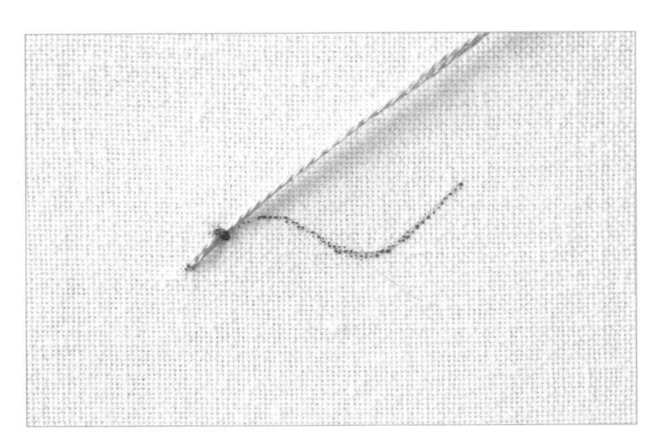

2_ 새 실과 바늘을 이용해 스트레이트 스티치로 실을 고정해 줍니다.

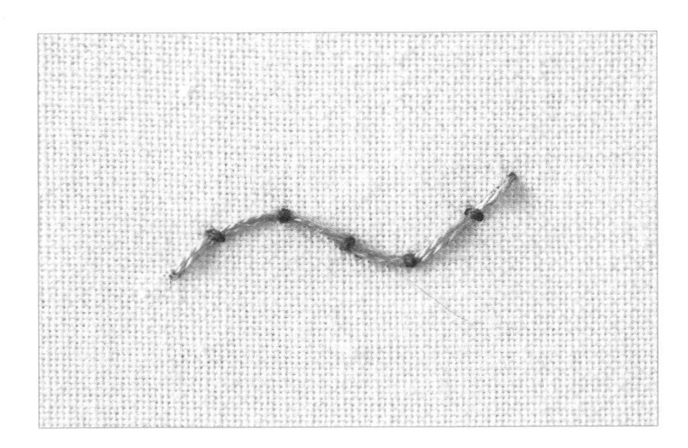

3_ 도안을 따라 완성된 모습

● 블랭킷 스티치

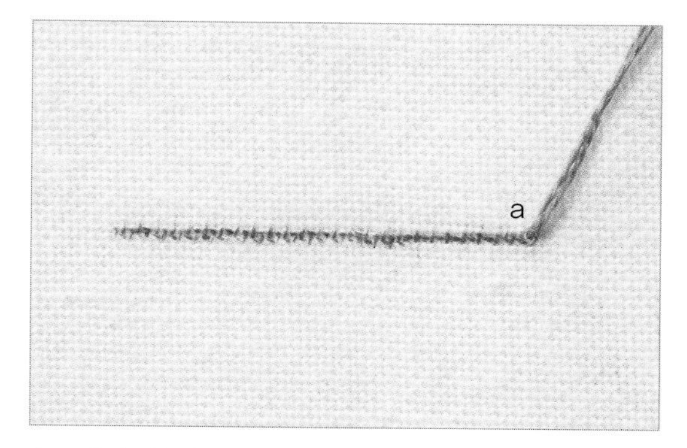
a

1_ a에서 바늘을 뺍니다.

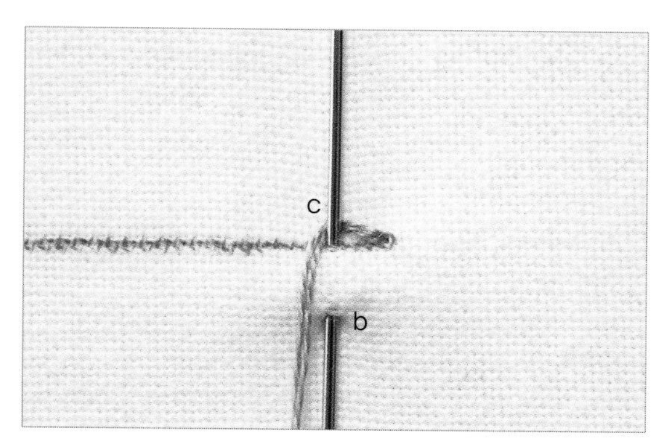
c
b

2_ 바늘을 b로 넣고 c로 뺀 후 바늘에 실을 걸칩니다.

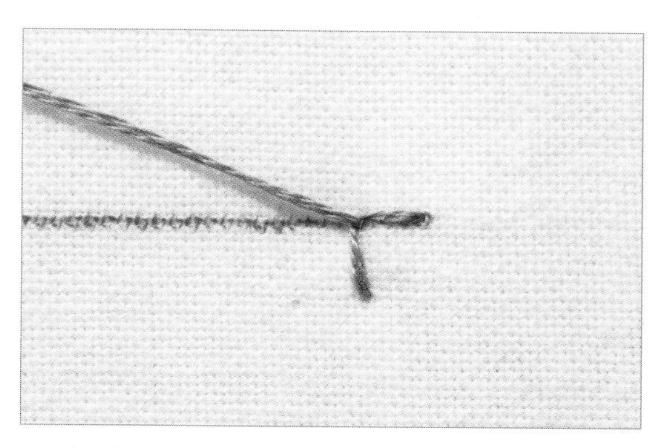

3_ 바늘을 뺍니다.

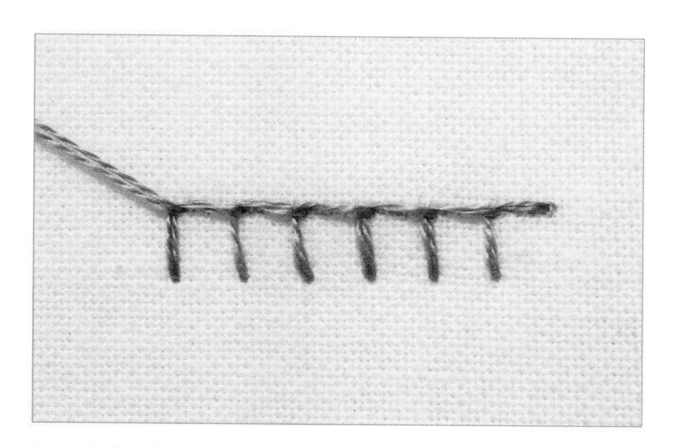

4_ 이 과정을 반복합니다.

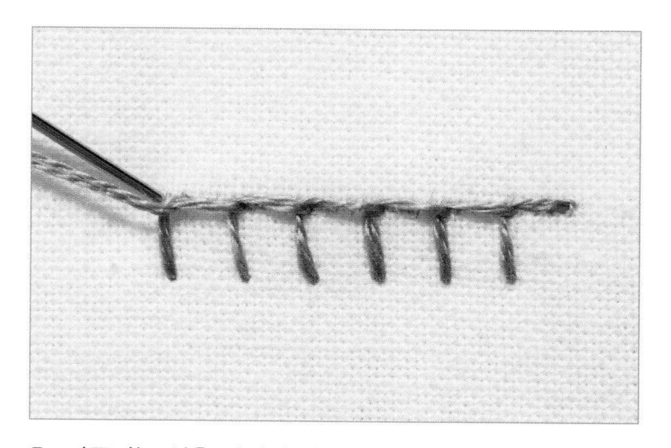

5_ 마무리는 실을 걸었던 땀 위치로 돌아갑니다.

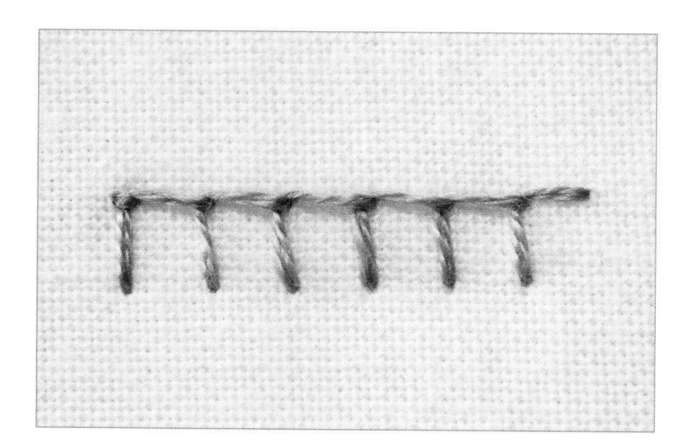

6_ 완성된 모습

● 우븐 필링 스티치

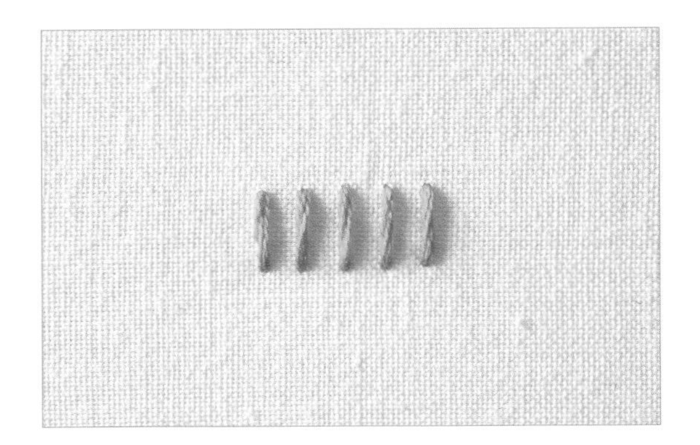

1_ 기둥이 되는 땀을 홀수로 놓습니다.

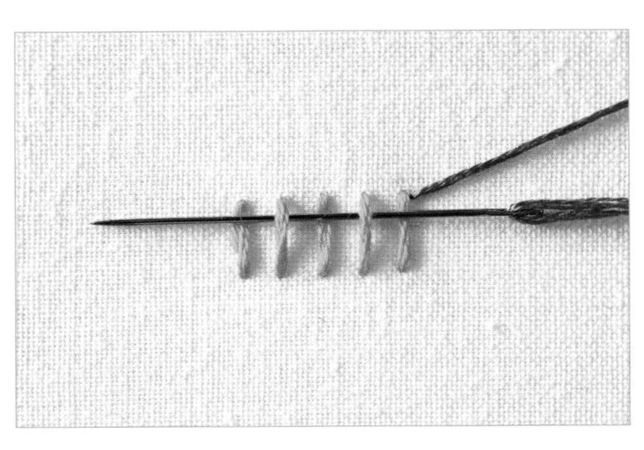

2_ 기둥의 옆에서 시작해서 기둥의 위-아래-위 순으로 바늘을 교차시킵니다.

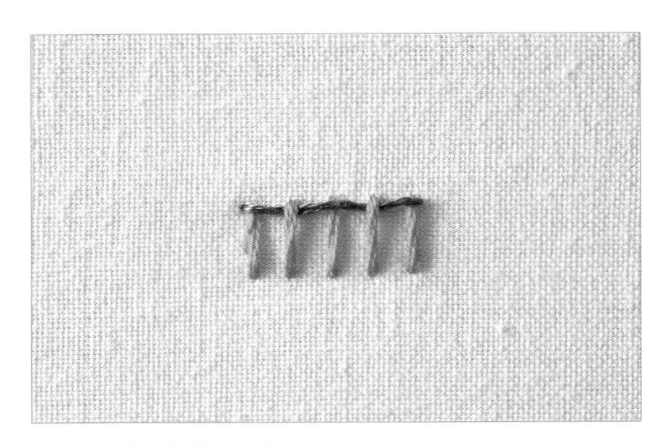

3_ 한 줄을 완성한 모습

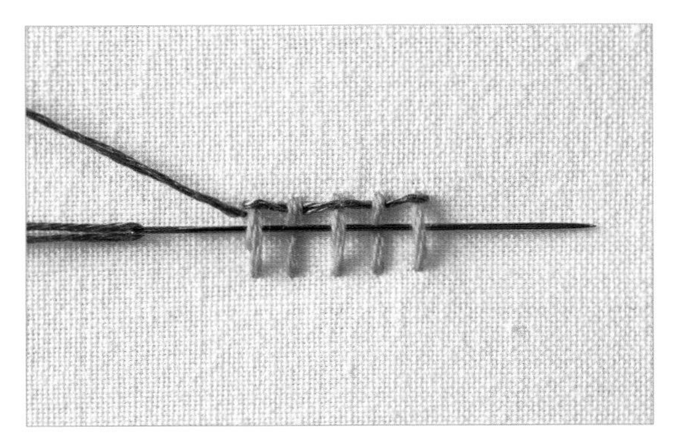

4_ 다시 기둥의 옆에서 시작해 아래-위-아래 순으로 바늘을 교차시킵니다.

5_ 이 과정을 반복합니다.

● 휠 스티치

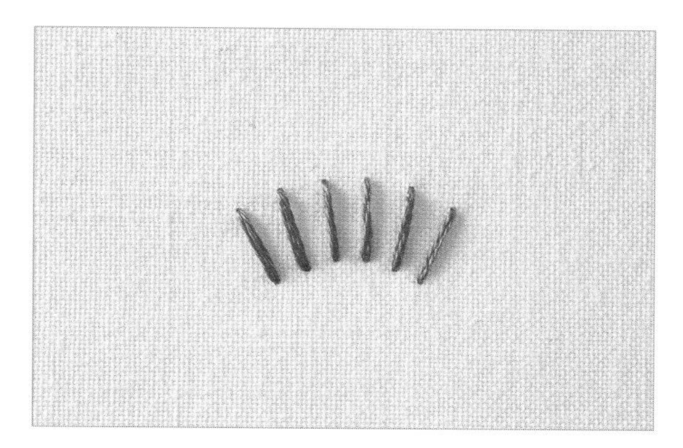

1_ 기둥이 되는 땀을 놓습니다.

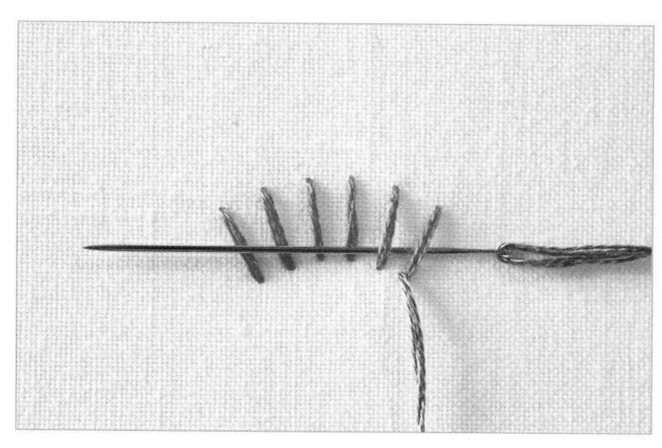

2_ 첫 번째 기둥의 안쪽에서 시작해서 기둥 두 개의 아래로 바늘을 통과시킵니다.

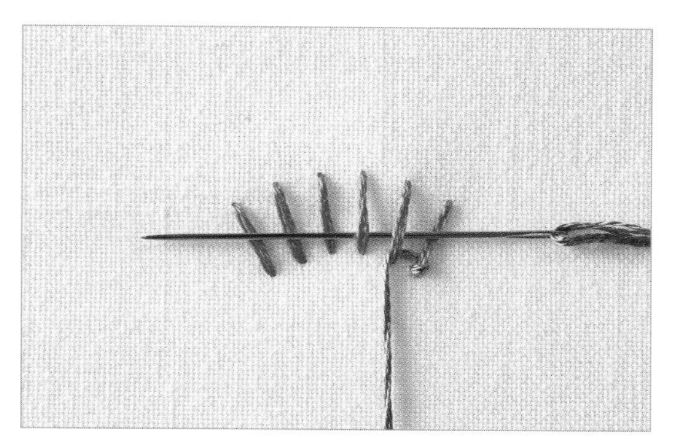

3_ 두 번째 기둥 아래로 바늘을 넣고, 기둥 두 개의 아래로 통과시킵니다.

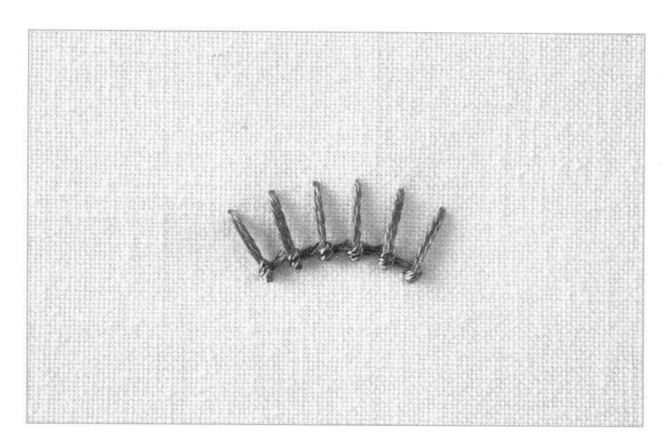

4_ 한 줄을 완성하고 기둥 바깥쪽으로 바늘을 넣어 마무리 합니다.

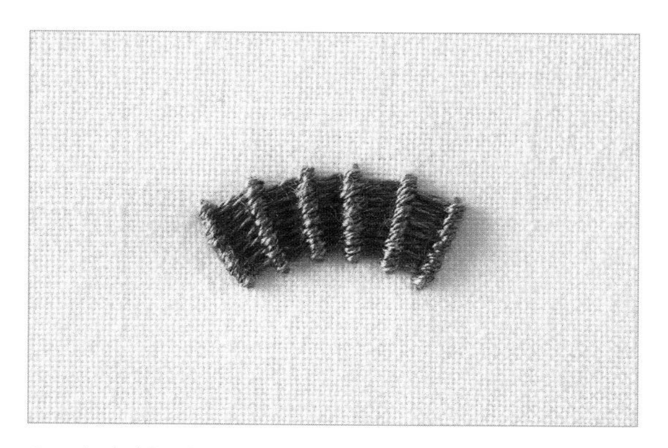

5_ 이 과정을 이어갑니다.

Basic 04

자수 작업을 위한 팁

고양이 얼굴 수놓는 방법

1_ 원단에 도안을 그려줍니다.

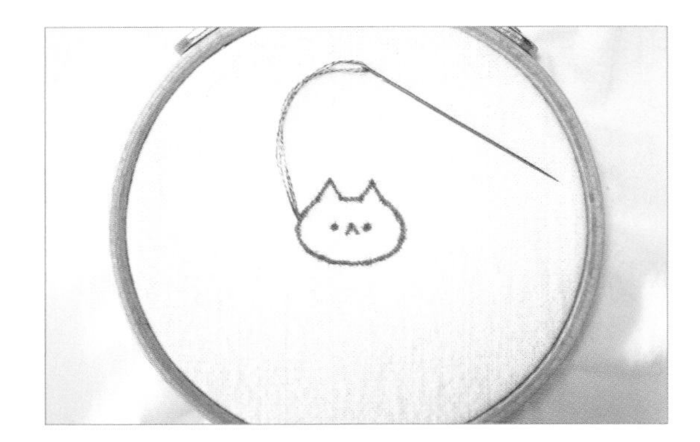

2_ 얼굴 라인의 가장자리에서 시작합니다.

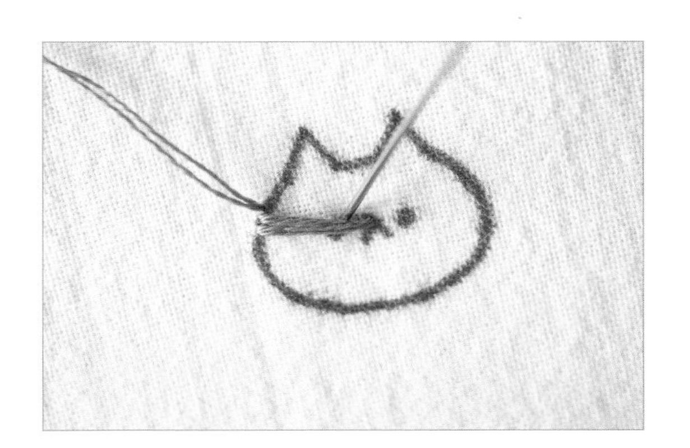

3_ 프리 스티치로 긴 땀 1번, 짧은 땀 3~4번을 1세트로 여기고 수놓습니다. 이전 땀보다 짧은 땀을 수놓을 때는 바로 전 땀의 아래로 숨겨준다고 생각하고, 이전 땀보다 긴 땀을 수놓을 때는 바로 전 땀을 덮어준다고 생각합니다.

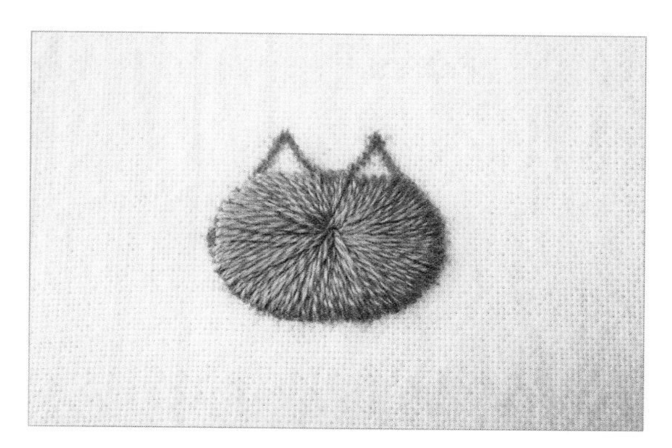

4_ 얼굴이 채워질 때까지 시계방향으로 세트를 반복합니다.

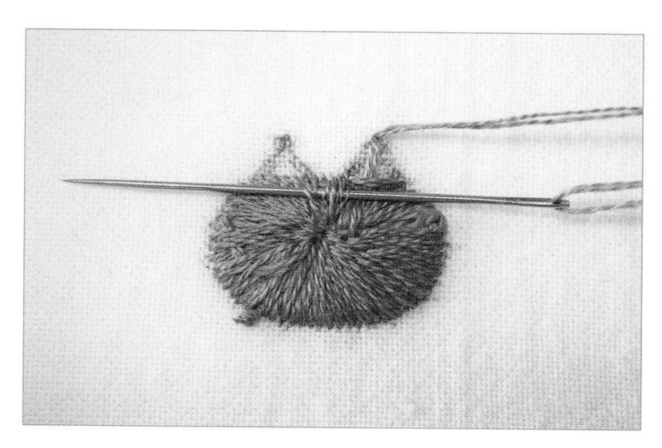

5_ 중간에 실이 부족하거나 자수를 마치고 마무리를 할 때는 감추는 방법으로 실 마무리를 해줍니다(p.20 자수의 기초 실 마무리하기 참고).

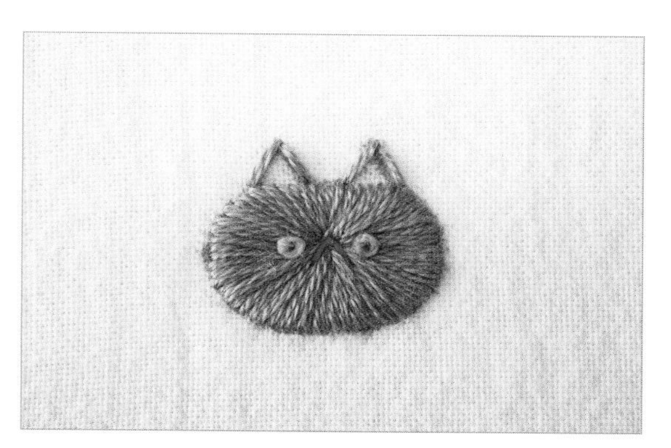

6_ 입→눈 순으로 수놓습니다. 입의 꼭짓점은 얼굴의 중심 원점으로 합니다. 눈은 얼굴의 크기에 따라 프렌치 노트 스티치를 할 때 실 감는 횟수를 달리해 사이즈를 조절합니다. 눈을 예쁘게 수놓았다면 올풀림 방지액으로 모양을 고정시켜줍니다.

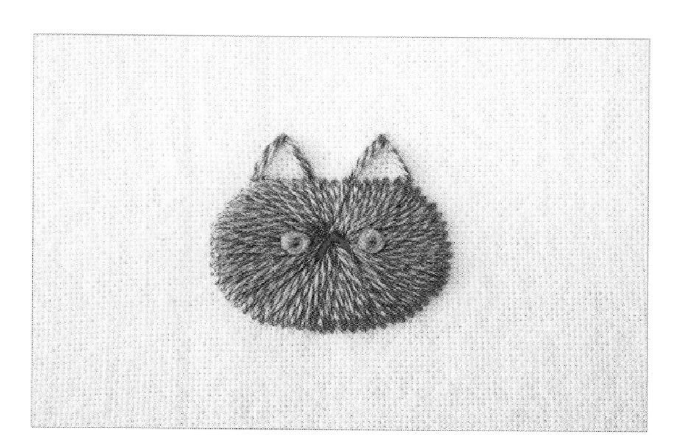

7_ 가볍게 세탁해서 도안 자국을 지워줍니다.

● 리본 만드는 방법

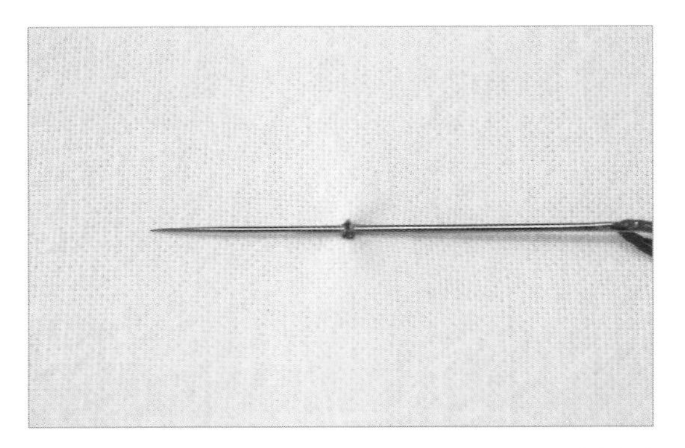

1_ 매듭을 짓지 않은 실을 1~2mm 간격으로 원단에 한 땀 통과시킵니다.

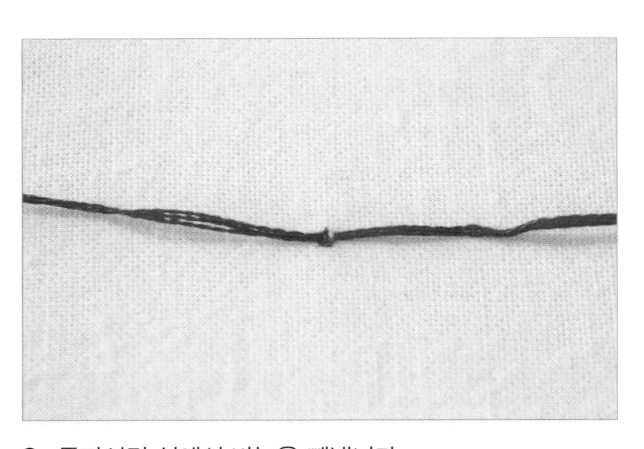

2_ 통과시킨 실에서 바늘을 빼냅니다.

3_ 실의 양쪽 끝을 잡고 리본 모양으로 묶습니다. 리본 매듭의 가운데에 올풀림 방지액을 발라 고정시킵니다.

4_ 리본의 다리 부분을 바늘에 꿰어서 원단을 통과시킨 후 뒷면에서 매듭을 짓습니다.

5_ 리본을 완성합니다.

● 액자 만드는 방법

수틀을 이용하는 경우

1_ 자수를 마친 원단, 수틀, 수틀 모양으로 재단한 펠트지, 접착제를 준비합니다.

2_ 원단을 수틀에 고정하고, 수틀 주변으로 2~3cm 여유 있게 원단을 자릅니다.

3_ 원단 가장자리를 홈질로 두릅니다.

4_ 실을 당겨 원단을 조입니다.

5_ 남은 실로 지그재그로 바느질해 원단을 당겨주고, 실을 매듭짓습니다.

6_ 접착제를 이용해 수틀 뒷면에 펠트지를 붙입니다.

7_ 완성된 모습

● 액자 만드는 방법

펠트지를 이용하는 경우

Clover
クロバー
ボンド
手芸用

1_ 자수를 마친 원단과 액자로 사용할 펠트지, 수예용 본드를 준비합니다.

2_ 자수 원단을 완성될 모양으로 접어 다리미로 눌러 줍니다.

3_ 완성될 모양 주변으로 3cm 정도 여유를 두고 원단을 자릅니다.

4_ 자로 완성될 크기를 재단하여, 동일한 크기로 펠트지를 자릅니다.

5_ 원단 뒷면에 펠트지를 대고, 모서리 부분을 가위로 잘라냅니다.

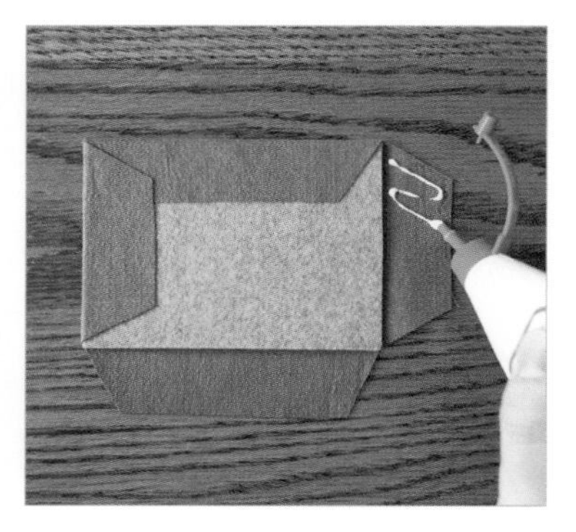

6_ 원단의 날개 부분에 수예용 본드를 도포한 후 펠트지를 감싸며 붙여줍니다.

7_ 완성된 모습

● 와펜 만드는 방법

펠트지에 직접 자수한 경우

1_ 자수를 마친 펠트지를 준비합니다.

2_ 자수 주변으로 2mm 정도 여유를 남기고 자릅니다.

3_ 자수 뒷면에 접착제를 도포하고 뒷면으로 쓸 펠트지에 붙입니다.

4_ 앞면의 모양에 맞춰 뒷면 펠트지를 자릅니다.

블랭킷 스티치를 이용하는 경우

1_ 자수를 마친 펠트지(원단)를 원하는 모양으로 잘라 준비합니다.

2_ 뒷면으로 쓸 펠트지와 겹쳐 시침질 합니다.

3_ 앞면과 같은 모양으로 뒷면 펠트지를 자릅니다.

4_ 첫 땀을 두 펠트지 사이에서 시작합니다.

5_ 가장자리를 블랭킷 스티치로 둘러 줍니다.

6_ 한 바퀴를 끝냈다면 이전 블랭킷 스티치 사이로 바늘을 통과시켜 빼내고 남은 실은 깔끔하게 잘라냅니다.

7_ 시침질한 실을 제거합니다.

새틴 스티치를 이용하는 경우

1_ 자수를 마친 펠트지(원단)를 준비합니다.

2_ 자수 주변으로 일정한 간격의 여유를 두고 자릅니다.

3_ 뒷면으로 쓸 펠트지를 대고 시침질합니다.

4_ 앞면과 같은 모양으로 뒷면 펠트지를 자릅니다.

5_ 옆면을 블랭킷 스티치로 둘러줍니다.

6_ 한 바퀴를 끝냈다면 이전에 둔 새틴 스티치 사이로 바늘을 통과시켜 빼내고, 남은 실은 깔끔하게 잘라냅니다.

7_ 시침질한 실을 제거합니다.

PART 01

고양이의 특별한 일상

Cat Embroidery

Cat Embroidery
01
고양이 가족

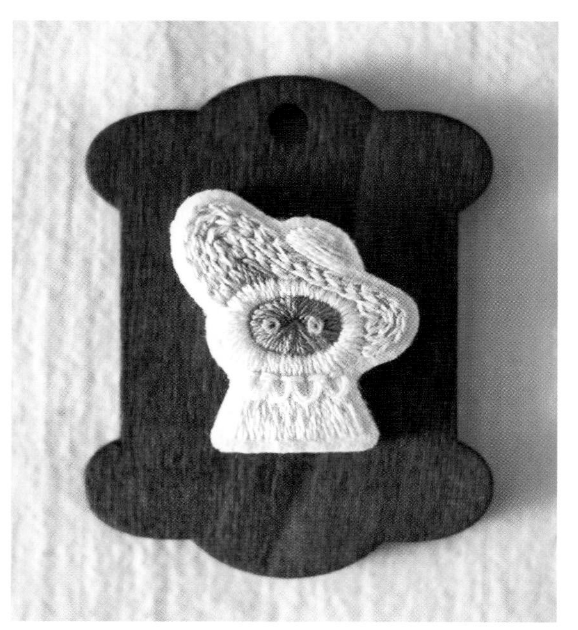

Cat Embroidery 01

How to Make

● **사용된 실**

DMC 25번사 : B5200, ECRU, 04, 26, 310, 606, 648, 742, 816, 825, 840, 844, 938, 946, 959, 3609, 3713, 3826, 3827, 3846, 3863

마데이라 9842 스파클링 : 24

투명사(비즈 자수에 이용)

p.51 와펜 만드는 방법(펠트지에 직접 자수한 경우) 참고
p.48 리본 만드는 방법 참고

● **그 외 재료**

1.2mm 하드 펠트지(아이보리색), 미유끼 2mm 시드 비즈(592), 4mm O링 골드

● **사용된 스티치**

레이지 데이지 스티치, 번들 스티치, 새틴 스티치, 스미르나 스티치, 스트레이트 스티치, 스플릿 백 스티치, 체인 스티치, 캐스트 온 스티치, 프렌치 노트 스티치, 프리 스티치, 플라이 스티치

● **도안** ●

• 스티치 •

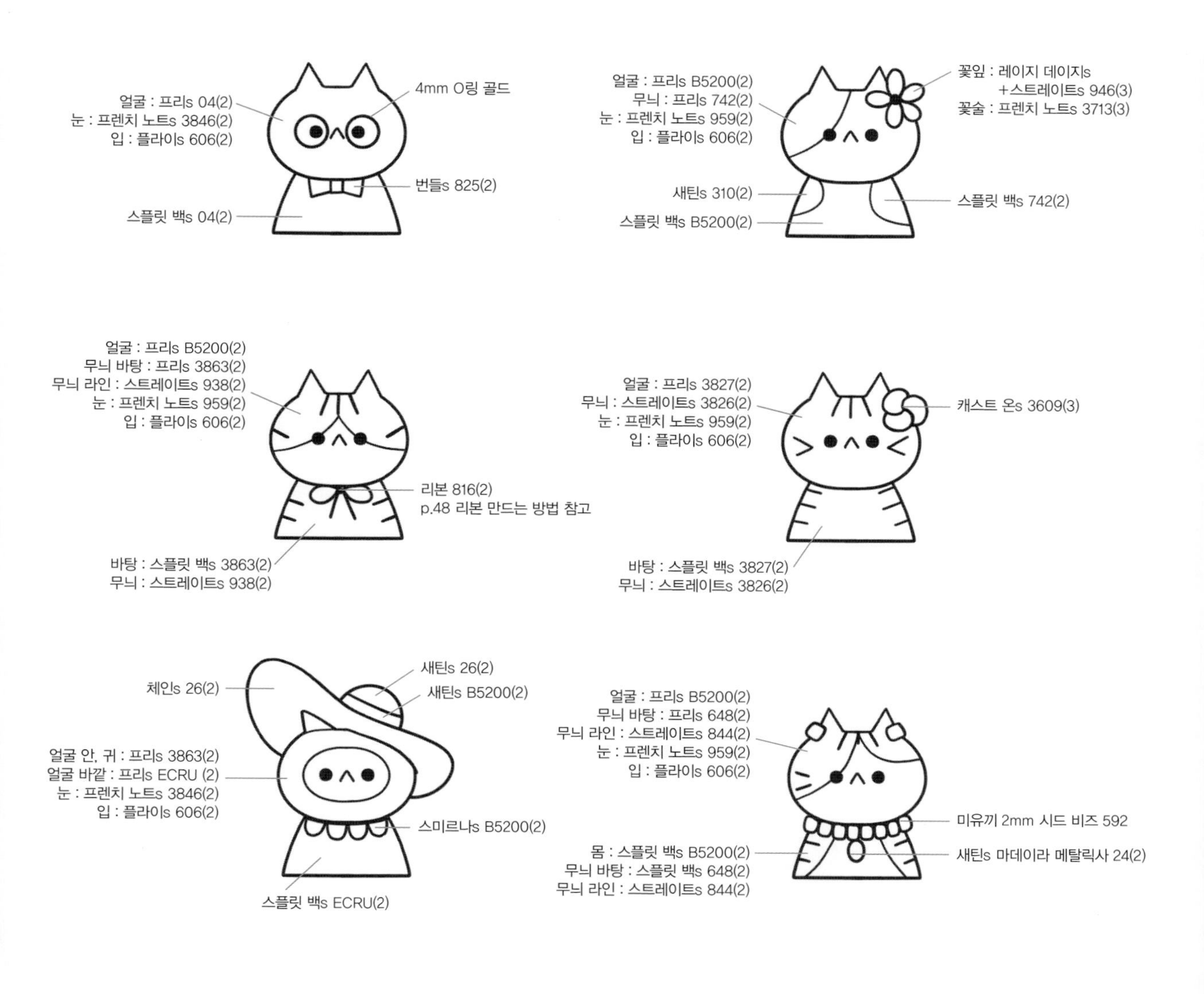

얼굴 : 프리s 04(2)
눈 : 프렌치 노트s 3846(2)
입 : 플라이s 606(2)
4mm O링 골드
번들s 825(2)
스플릿 백s 04(2)
얼굴 : 프리s B5200(2)
무늬 : 프리s 742(2)
눈 : 프렌치 노트s 959(2)
입 : 플라이s 606(2)
꽃잎 : 레이지 데이지s
+스트레이트s 946(3)
꽃술 : 프렌치 노트s 3713(3)
새틴s 310(2)
스플릿 백s B5200(2)
스플릿 백s 742(2)
얼굴 : 프리s B5200(2)
무늬 바탕 : 프리s 3863(2)
무늬 라인 : 스트레이트s 938(2)
눈 : 프렌치 노트s 959(2)
입 : 플라이s 606(2)
리본 816(2)
p.48 리본 만드는 방법 참고
바탕 : 스플릿 백s 3863(2)
무늬 : 스트레이트s 938(2)
얼굴 : 프리s 3827(2)
무늬 : 스트레이트s 3826(2)
눈 : 프렌치 노트s 959(2)
입 : 플라이s 606(2)
캐스트 온s 3609(3)
바탕 : 스플릿 백s 3827(2)
무늬 : 스트레이트s 3826(2)
체인s 26(2)
새틴s 26(2)
새틴s B5200(2)
얼굴 안, 귀 : 프리s 3863(2)
얼굴 바깥 : 프리s ECRU (2)
눈 : 프렌치 노트s 3846(2)
입 : 플라이s 606(2)
스미르나s B5200(2)
스플릿 백s ECRU(2)
얼굴 : 프리s B5200(2)
무늬 바탕 : 프리s 648(2)
무늬 라인 : 스트레이트s 844(2)
눈 : 프렌치 노트s 959(2)
입 : 플라이s 606(2)
미유끼 2mm 시드 비즈 592
몸 : 스플릿 백s B5200(2)
무늬 바탕 : 스플릿 백s 648(2)
무늬 라인 : 스트레이트s 844(2)
새틴s 마데이라 메탈릭사 24(2)

모자 : 새틴s 840(2)
리본 : 새틴s 26(2)
챙 : 스트레이트s 840(2)
얼굴 : 프리s 310(2), B5200(2)
눈 : 프렌치 노트s 3846(2)
입 : 플라이s 606(2)
눈썹, 수염 : 스트레이트s B5200(2)
새틴s B5200(2)
스플릿 백s 310(2)

도안 설명은 스티치→실 번호→(실의 가닥 수)로 표기했습니다.
예) 새틴s 3773(2) : 3773번 실 2가닥으로 새틴 스티치를 합니다.

Cat Embroidery

02

고양이 결혼식

Cat Embroidery 02

How to Make

● 사용된 실

DMC 25번사 : B5200, ECRU, 20, 310, 606, 742, 743, 744, 745, 819, 839, 938, 959, 3012, 3363, 3846

● 그 외 재료

천연 염색 원단(인디 핑크), 1.2mm 하드 펠트지(아이보리색), 13cm 고무 수틀

● 사용된 스티치

레이지 데이지 스티치, 번들 스티치, 불리온 노트 스티치, 백 스티치, 블랭킷 스티치, 새틴 스티치, 스트레이트 스티치, 스플릿 백 스티치, 아우트라인 스티치, 캐스트 온 스티치, 크로스 스티치, 프렌치 노트 스티치, 프리 스티치, 플라이 스티치, 피시본 스티치

p.49 액자 만드는 방법(수틀) 참고
p.51 와펜 만드는 방법(펠트지에 직접 자수한 경우) 참고

• 스티치 •

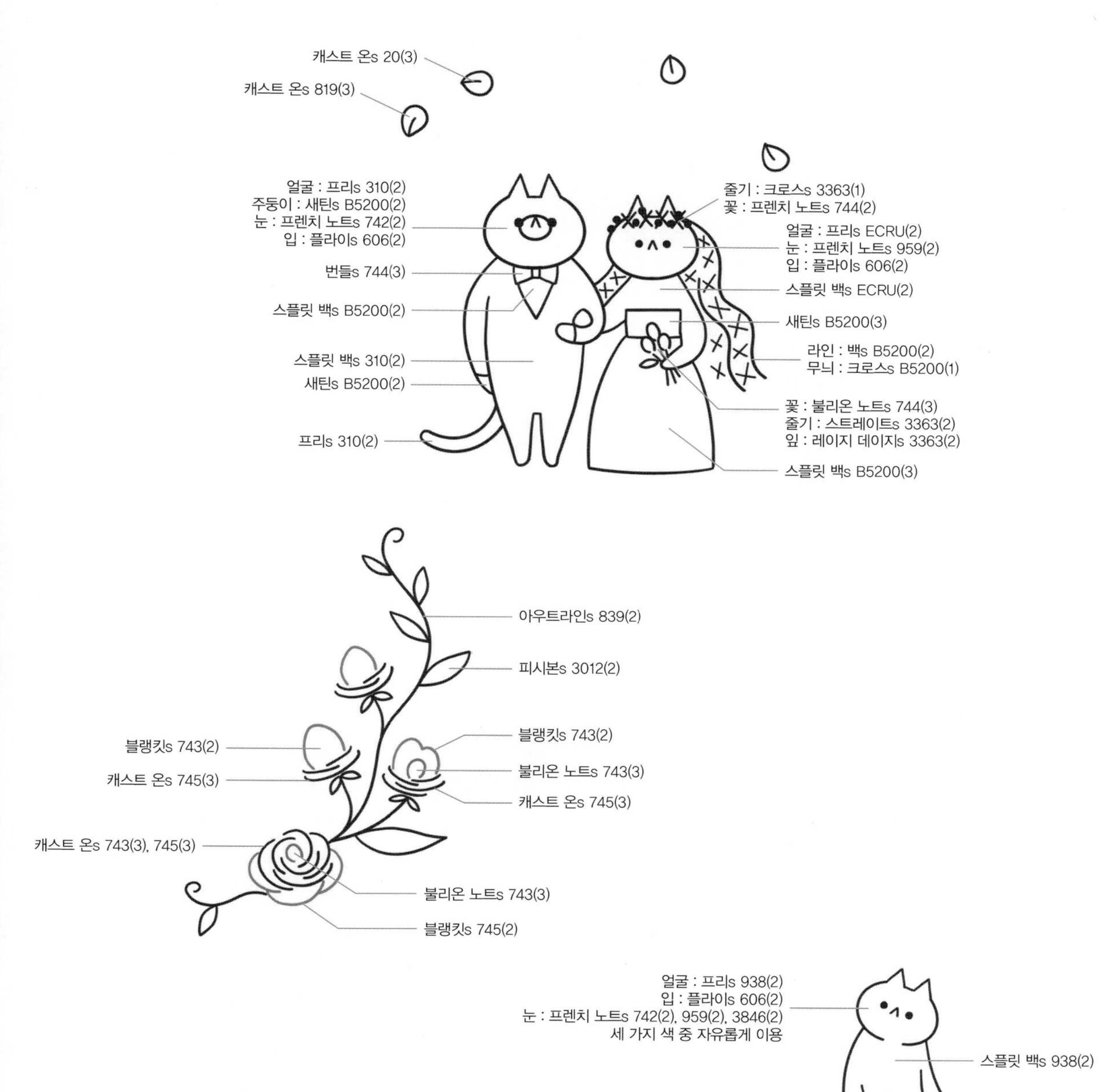

캐스트 온s 20(3)
캐스트 온s 819(3)
얼굴 : 프리s 310(2)
주둥이 : 새틴s B5200(2)
눈 : 프렌치 노트s 742(2)
입 : 플라이s 606(2)
번들s 744(3)
스플릿 백s B5200(2)
스플릿 백s 310(2)
새틴s B5200(2)
프리s 310(2)
줄기 : 크로스s 3363(1)
꽃 : 프렌치 노트s 744(2)
얼굴 : 프리s ECRU(2)
눈 : 프렌치 노트s 959(2)
입 : 플라이s 606(2)
스플릿 백s ECRU(2)
새틴s B5200(3)
라인 : 백s B5200(2)
무늬 : 크로스s B5200(1)
꽃 : 불리온 노트s 744(3)
줄기 : 스트레이트s 3363(2)
잎 : 레이지 데이지s 3363(2)
스플릿 백s B5200(3)
아우트라인s 839(2)
피시본s 3012(2)
블랭킷s 743(2)
블랭킷s 743(2)
불리온 노트s 743(3)
캐스트 온s 745(3)
캐스트 온s 745(3)
캐스트 온s 743(3), 745(3)
불리온 노트s 743(3)
블랭킷s 745(2)
얼굴 : 프리s 938(2)
입 : 플라이s 606(2)
눈 : 프렌치 노트s 742(2), 959(2), 3846(2)
세 가지 색 중 자유롭게 이용
스플릿 백s 938(2)
프리s 938(2)
아우트라인s ECRU(1)

p.51 와펜 만드는 방법(펠트지에 직접 자수한 경우) 참고

※도안 별지

도안 설명은 스티치→실 번호→(실의 가닥 수)로 표기했습니다.
예) 새틴s 3773(2) : 3773번 실 2가닥으로 새틴 스티치를 합니다.

Cat Embroidery
03
야옹 베이커리

How to Make

● **사용된 실**

달걀 나르기 DMC 25번사 : B5200, 310, 606, 742, 920, 948
머랭치기 DMC 25번사 : B5200, ECRU, 310, 606, 742, 824
반죽하기 DMC 25번사 : B5200, 606, 712, 742, 801, 959
서빙하기 DMC 25번사 : B5200, 310, 433, 606, 948, 3846
쿠키 DMC 25번사 : B5200, ECRU, 300, 310, 434, 435, 437, 606, 817

● **그 외 재료**

코튼 원단(아이보리색), 린넨 원단(아이보리색), 7.5cm우드 수틀, 1.2mm 두께 하드 펠트지(아이보리색)

● **사용된 스티치**

달걀 나르기 백 스티치, 새틴 스티치, 스트레이트 스티치, 스플릿 백 스티치, 체인 스티치, 프렌치 노트 스티치, 프리 스티치, 플라이 스티치
머랭치기 백 스티치, 새틴 스티치, 스플릿 백 스티치, 체인 스티치, 프렌치 노트 스티치, 프리 스티치, 플라이 스티치
반죽하기 백 스티치, 새틴 스티치, 스플릿 백 스티치, 체인 스티치, 프렌치 노트 스티치, 프리 스티치, 플라이 스티치
서빙하기 레이지 데이지 스티치, 번들 스티치, 새틴 스티치, 스트레이트 스티치, 스플릿 백 스티치, 프렌치 노트 스티치, 프리 스티치, 플라이 스티치
쿠키 새틴 스티치, 스플릿 백 스티치, 스트레이트 스티치, 아우트라인 스티치, 체인 스티치, 프렌치 노트 스티치, 프리 스티치, 플라이 스티치

p.49 액자 만드는 방법(수틀을 이용하는 경우) 참고
p.53 와펜 만드는 방법(새틴 스티치를 이용하는 경우) 참고

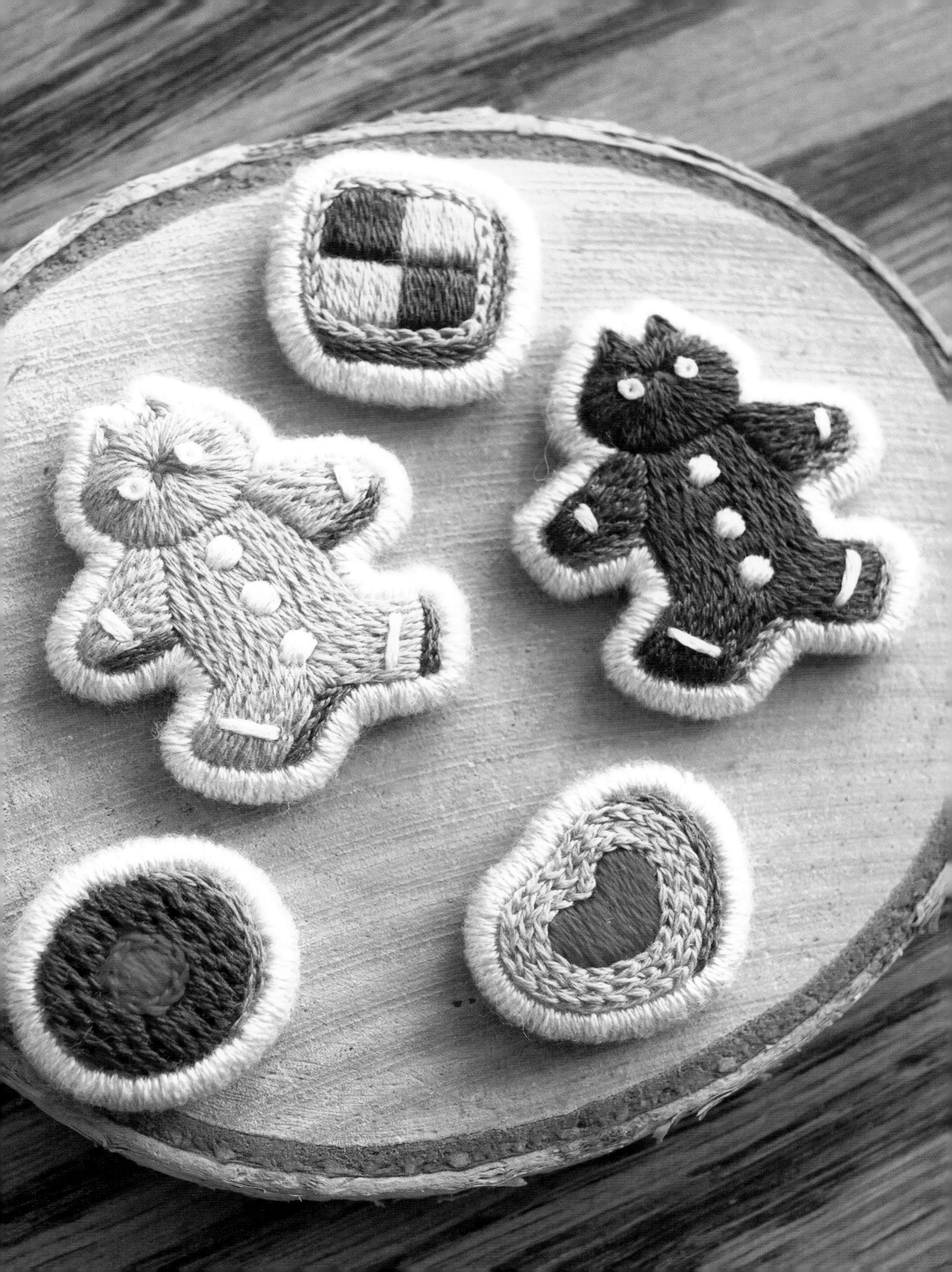

도안

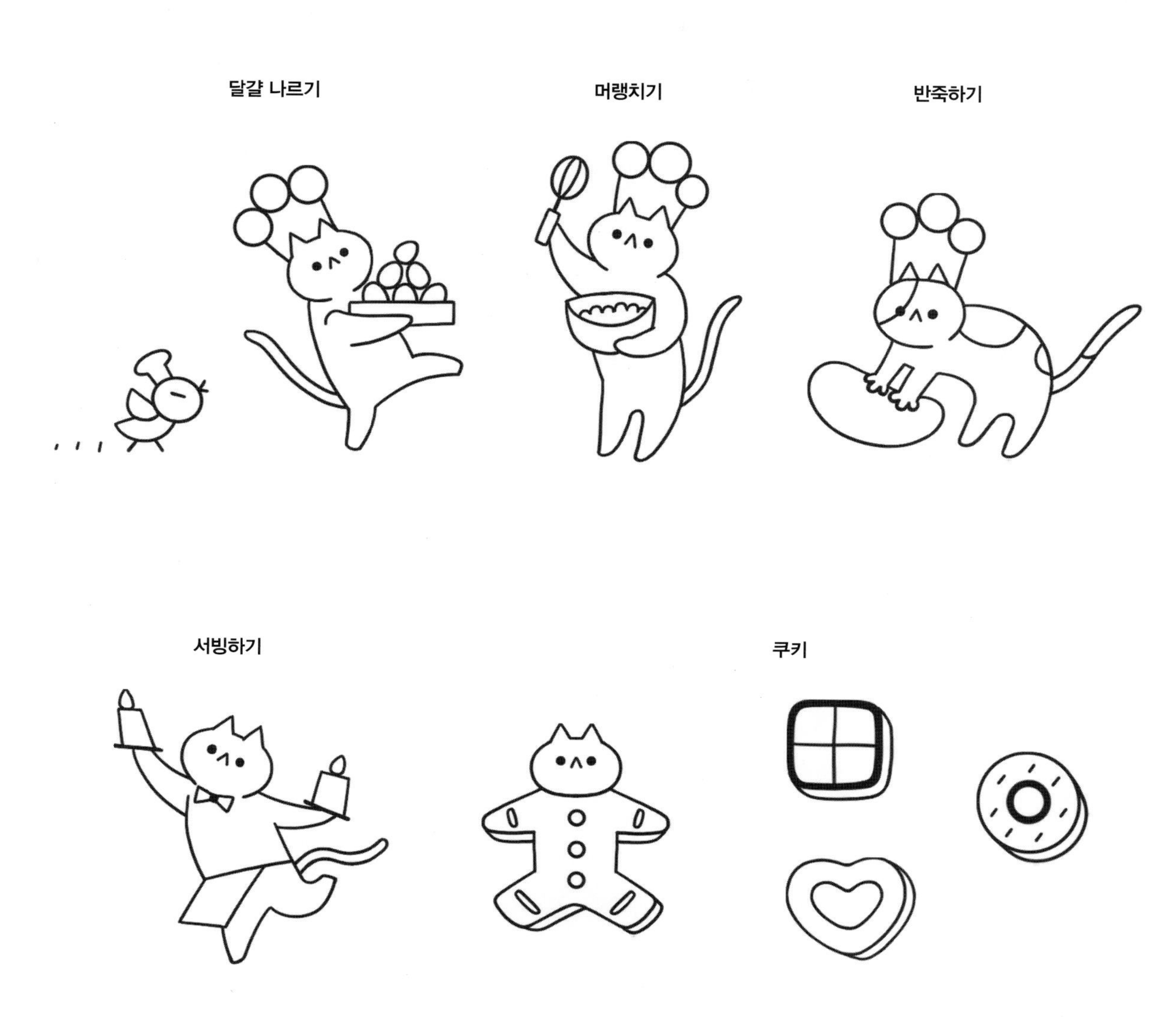
달걀 나르기
머랭치기
반죽하기
서빙하기
쿠키

스티치

달걀 나르기

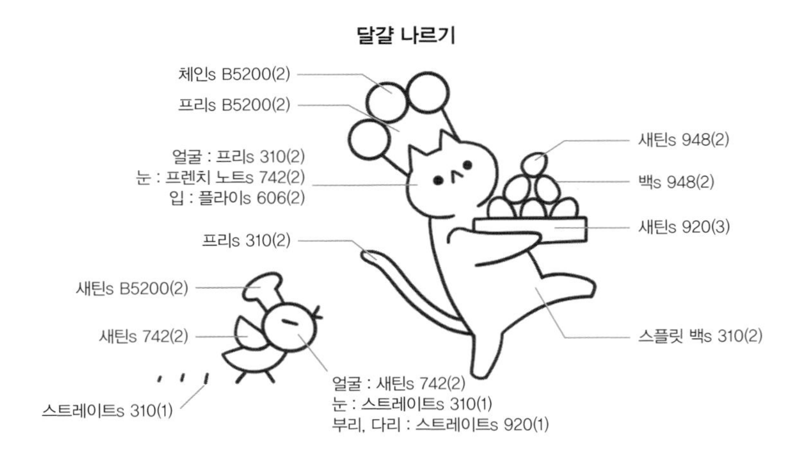
체인s B5200(2)
프리s B5200(2)
얼굴 : 프리s 310(2)
눈 : 프렌치 노트s 742(2)
입 : 플라이s 606(2)
프리s 310(2)
새틴s B5200(2)
새틴s 742(2)
스트레이트s 310(1)
새틴s 948(2)
백s 948(2)
새틴s 920(3)
스플릿 백s 310(2)
얼굴 : 새틴s 742(2)
눈 : 스트레이트s 310(1)
부리, 다리 : 스트레이트s 920(1)

머랭치기

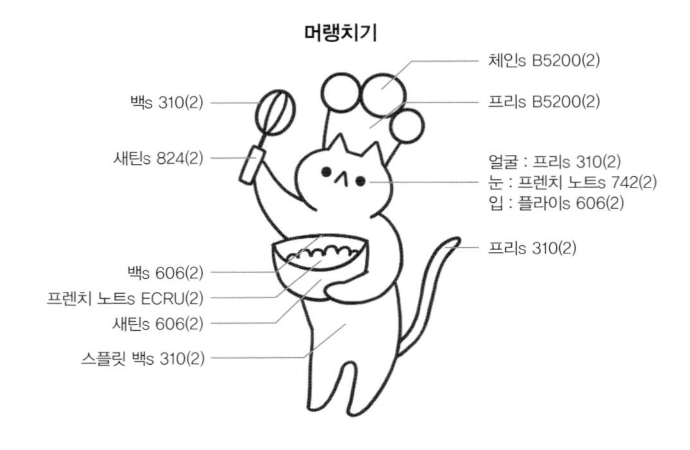
백s 310(2)
새틴s 824(2)
백s 606(2)
프렌치 노트s ECRU(2)
새틴s 606(2)
스플릿 백s 310(2)
체인s B5200(2)
프리s B5200(2)
얼굴 : 프리s 310(2)
눈 : 프렌치 노트s 742(2)
입 : 플라이s 606(2)
프리s 310(2)

반죽하기

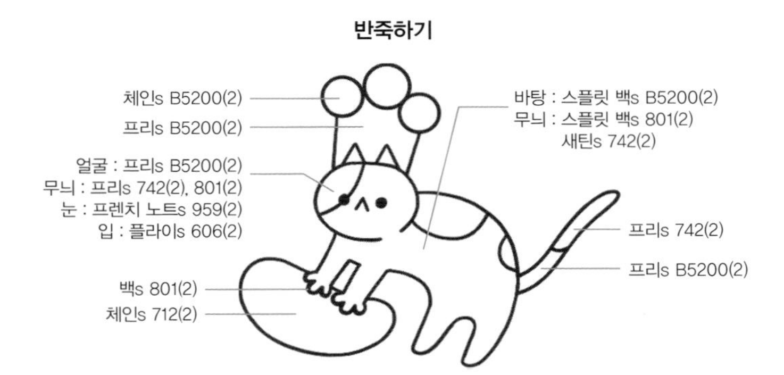
체인s B5200(2)
프리s B5200(2)
얼굴 : 프리s B5200(2)
무늬 : 프리s 742(2), 801(2)
눈 : 프렌치 노트s 959(2)
입 : 플라이s 606(2)
백s 801(2)
체인s 712(2)
바탕 : 스플릿 백s B5200(2)
무늬 : 스플릿 백s 801(2)
새틴s 742(2)
프리s 742(2)
프리s B5200(2)

● 스티치 ●

서빙하기

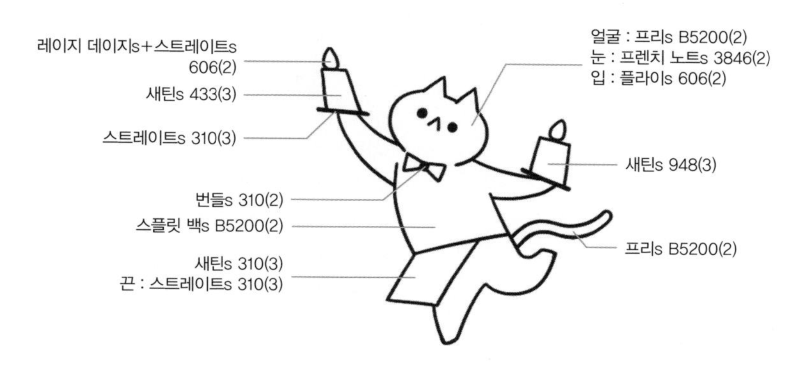

레이지 데이지s+스트레이트s 606(2)
새틴s 433(3)
스트레이트s 310(3)
번들s 310(2)
스플릿 백s B5200(2)
새틴s 310(3)
끈 : 스트레이트s 310(3)
얼굴 : 프리s B5200(2)
눈 : 프렌치 노트s 3846(2)
입 : 플라이s 606(2)
새틴s 948(3)
프리s B5200(2)

쿠키

얼굴 : 프리s 437(2) *300(2)
눈 : 프렌치 노트s B5200(2)
입 : 플라이s 606(2)
새틴s B5200(2)
스플릿 백s 437(2) *300(2)
스트레이트s B5200(2)
아우트라인s 434(2) *435(2)
*초코 쿠키
체인s 437(2)
새틴s 300(3)
새틴s 437(3)
아우트라인s 434(2)
체인s 437(2)
새틴s 817(3)
아우트라인s 434(2)
프리s 300(3)
스트레이트s 310(2)
새틴s 817(3)
체인s 817(2)
아우트라인s 435(2)

도안 설명은 스티치→실 번호→(실의 가닥 수)로 표기했습니다.
예) 새틴s 3773(2) : 3773번 실 2가닥으로 새틴 스티치를 합니다.

Cat Embroidery

04

야옹 음악대

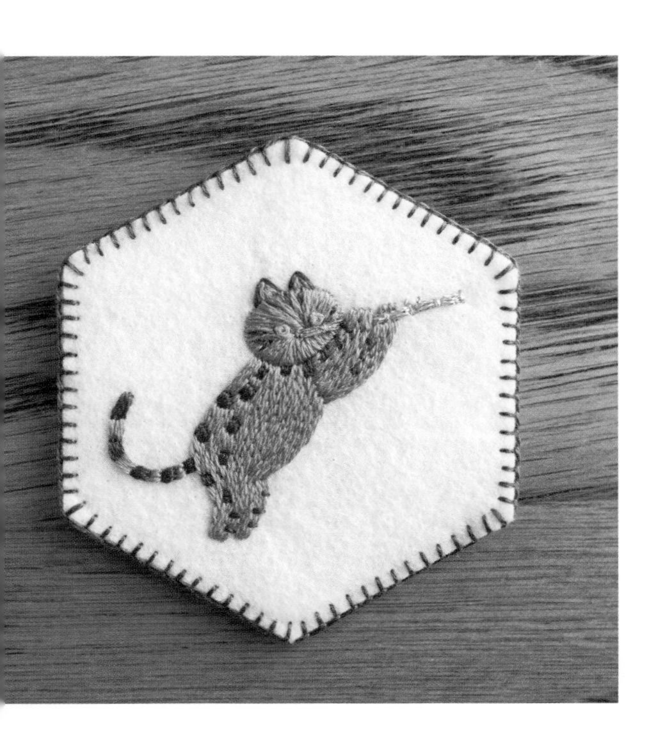

How to Make

● **사용된 실**

드럼 DMC 25번사 : 310, 543, 606, 3371, 3777, 3846, 3866 | DMC 메탈릭사 : 4041 | 투명사 (비즈 자수에 이용)

기타 DMC 25번사 : 310, 606, 742, 938, 975, 976, 3340, 3371 | DMC 메탈릭사 : 4041

마에스트로 DMC 25번사 : B5200, 310, 554, 606, 742, 801, 3371 | DMC 메탈릭사 : 4041

플룻 DMC 25번사 : 300, 959, 976, 3371 | 마데이라 9842 스파클링 : 24

실로폰 DMC 25번사 : ECRU, 12, 554, 606, 738, 745, 938, 959, 3340, 3371
마데이라 9842 스파클링 : 24 | 투명사 (비즈 자수에 이용)

마라카스 DMC 25번사 : 318, 606, 3371, 3607, 3846 | DMC 메탈릭사 : 4041 | 마데이라 9842 스파클링 : 24

● **그 외 재료**

드럼 2mm 두께 멜란 하드 펠트지(오트밀), 미유끼 1.5mm 시드 비즈(181)

기타 1.2mm 두께 하드 펠트지(아이보리색)

마에스트로 1.2mm 두께 하드 펠트지(밀크티색)

플룻 1.2mm 두께 하드 펠트지(아이보리색)

실로폰 1.2mm 두께 하드 펠트지(밀크티색), 미유끼 2mm 시드 비즈(3)

마라카스 2mm 두께 멜란 하드 펠트지(오트밀)

● **사용된 스티치**

드럼 블랭킷 스티치, 새틴 스티치, 스트레이트 스티치, 스플릿 백 스티치, 아웃트라인 스티치, 프렌치 노트 스티치, 프리 스티치, 플라이 스티치

기타 백 스티치, 블랭킷 스티치, 새틴 스티치, 스트레이트 스티치, 스플릿 백 스티치, 체인 스티치, 프렌치 노트 스티치, 프리 스티치, 플라이 스티치

마에스트로 번들 스티치, 블랭킷 스티치, 새틴 스티치, 스미르나 스티치, 스트레이트 스티치, 스플릿 백 스티치, 아웃트라인 스티치, 프렌치 노트 스티치, 프리 스티치, 플라이 스티치

플룻 블랭킷 스티치, 새틴 스티치, 스트레이트 스티치, 스플릿 백 스티치, 프렌치 노트 스티치, 프리 스티치

실로폰 블랭킷 스티치, 새틴 스티치, 스트레이트 스티치, 스플릿 백 스티치, 아웃트라인 스티치, 프렌치 노트 스티치, 프리 스티치, 플라이 스티치, 피스틸 스티치

마라카스 블랭킷 스티치, 새틴 스티치, 스플릿 백 스티치, 프렌치 노트 스티치, 프리 스티치, 플라이 스티치

p.52 와펜 만드는 방법(블랭킷 스티치를 이용하는 경우) 참고

● 도안 ●

마에스트로

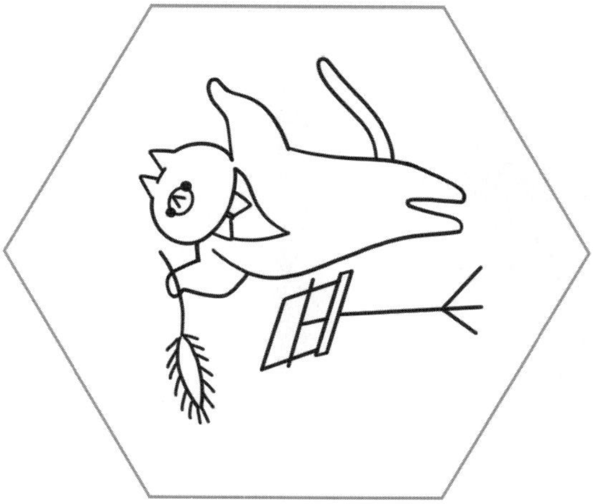

마라카스

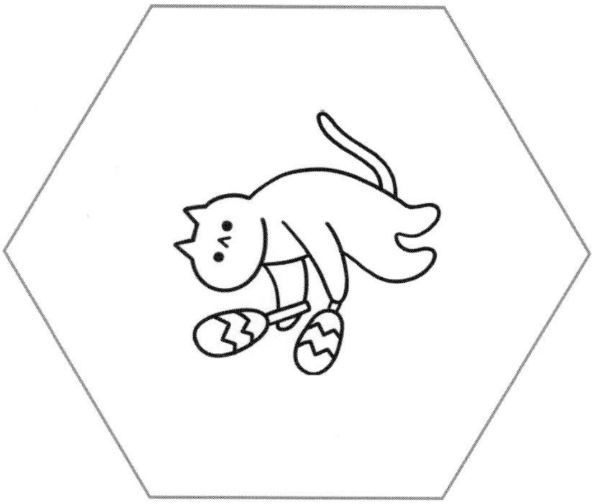

기타

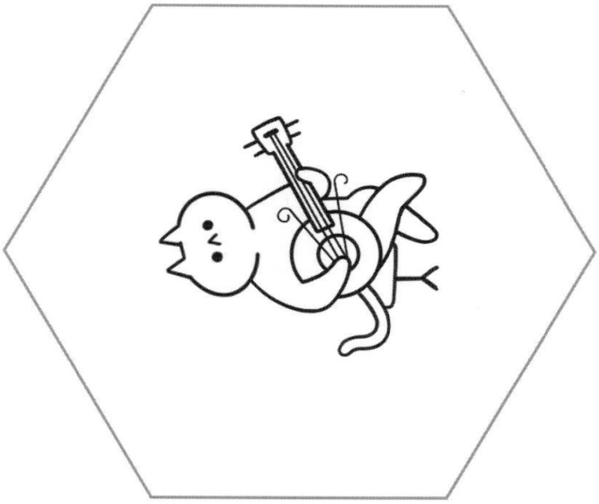

실로폰

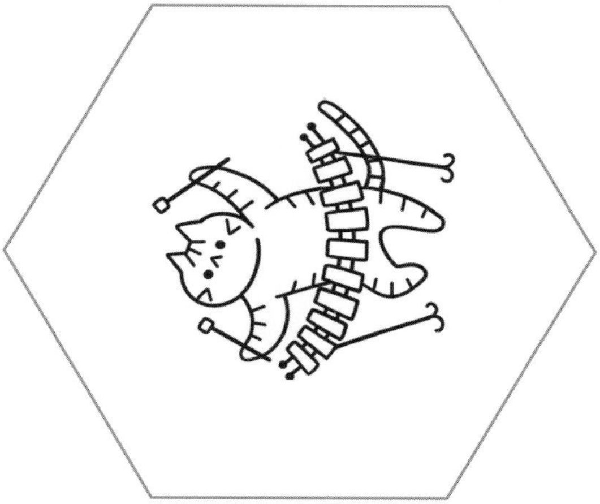

드럼

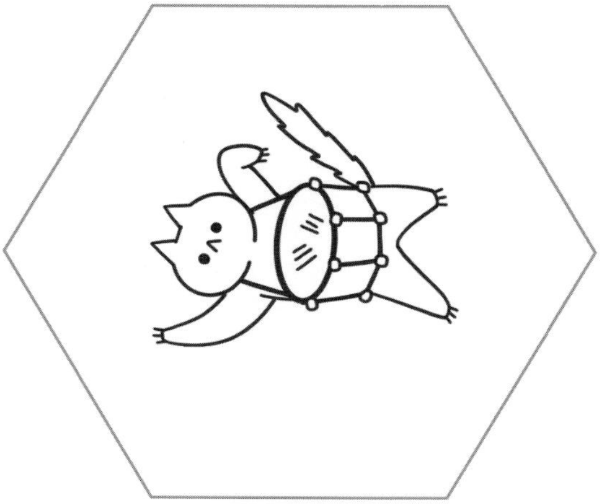

플룻

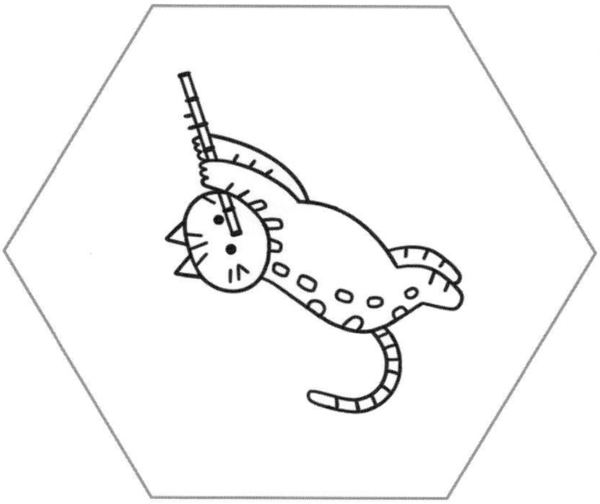

스티치

드럼

스트레이트s 310(1)
스플릿 백s 3866(2)
스트레이트s 310(3)
아우트라인s 메탈릭사 4041(2)
새틴s 543(2)
새틴s 3777(3)
미유끼 1.5mm 시드 비즈 181
얼굴 : 프리s 3866(2)
눈 : 프렌치 노트s 3846(2)
입 : 플라이s 606(2)
프리s 3866(2)
스트레이트s 310(1)
스트레이트s 메탈릭사 4041(2)

기타

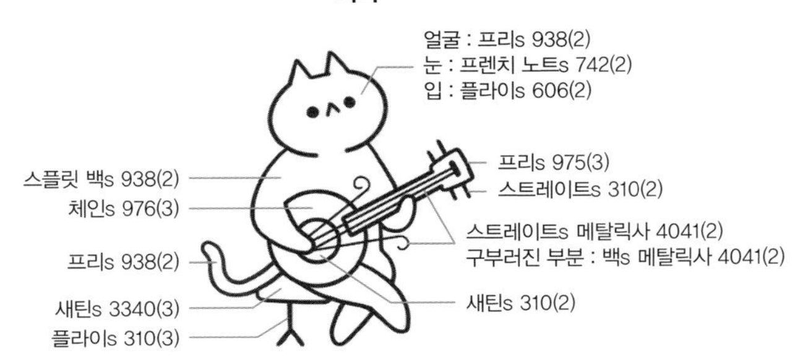

얼굴 : 프리s 938(2)
눈 : 프렌치 노트s 742(2)
입 : 플라이s 606(2)
스플릿 백s 938(2)
체인s 976(3)
프리s 938(2)
새틴s 3340(3)
플라이s 310(3)
프리s 975(3)
스트레이트s 310(2)
스트레이트s 메탈릭사 4041(2)
구부러진 부분 : 백s 메탈릭사 4041(2)
새틴s 310(2)

마에스트로

아우트라인s 메탈릭사 4041(2)
스미르나s 메탈릭사 4041(2)
번들s 554(2)
스플릿 백s B5200(2)
새틴s B5200(3)
스트레이트s 801(2)
아우트라인s 801(2)
얼굴 : 프리s 310(2)
주둥이 : 새틴s B5200(2)
눈 : 프렌치 노트s 742(2)
입 : 플라이s 606(2)
스플릿 백s 310(2)
프리s 310(2)

플룻

가로 : 프리s 마데이라 메탈릭사 24(2)
세로 : 스트레이트s 마데이라 메탈릭사 24(2)
얼굴 : 프리s 976(2)
무늬 : 스트레이트s 300(2)
눈 : 프렌치 노트s 959(2)
스트레이트s 300(2)
새틴s 300(2)
새틴s 976(2)
바탕 : 스플릿 백s 976(2)
무늬 : 새틴s 300(2)

● 스티치 ●

실로폰

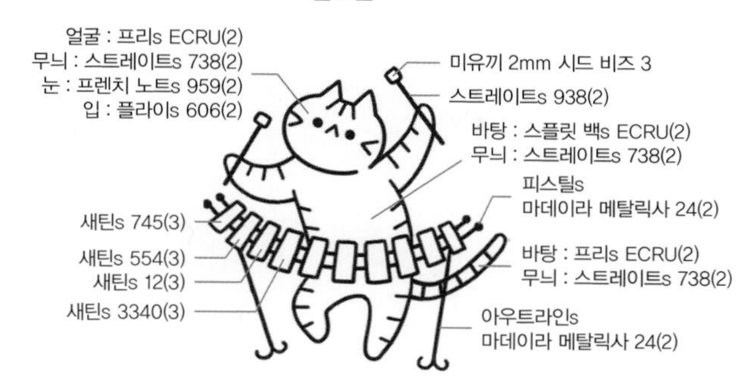

얼굴 : 프리s ECRU(2)
무늬 : 스트레이트s 738(2)
눈 : 프렌치 노트s 959(2)
입 : 플라이s 606(2)
미유끼 2mm 시드 비즈 3
스트레이트s 938(2)
바탕 : 스플릿 백s ECRU(2)
무늬 : 스트레이트s 738(2)
피스틸s
마데이라 메탈릭사 24(2)
새틴s 745(3)
새틴s 554(3)
새틴s 12(3)
새틴s 3340(3)
바탕 : 프리s ECRU(2)
무늬 : 스트레이트s 738(2)
아우트라인s
마데이라 메탈릭사 24(2)

마라카스

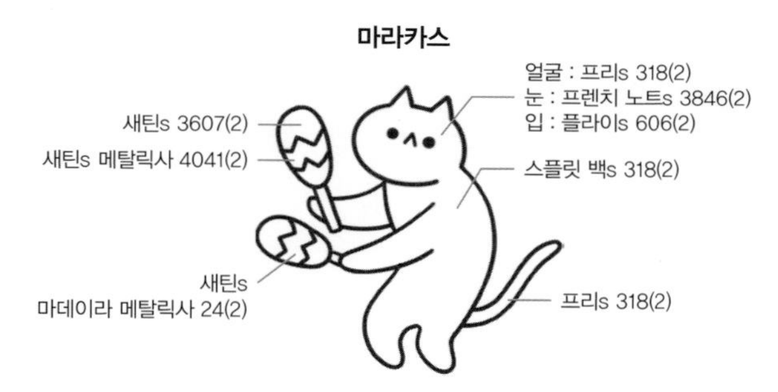

얼굴 : 프리s 318(2)
눈 : 프렌치 노트s 3846(2)
입 : 플라이s 606(2)
새틴s 3607(2)
새틴s 메탈릭사 4041(2)
스플릿 백s 318(2)
새틴s
마데이라 메탈릭사 24(2)
프리s 318(2)

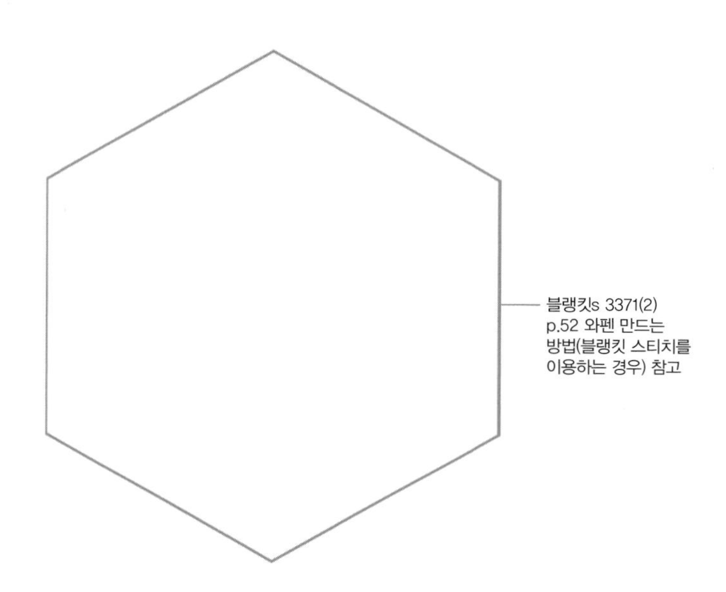

블랭킷s 3371(2)
p.52 와펜 만드는
방법(블랭킷 스티치를
이용하는 경우) 참고

도안 설명은 스티치→실 번호→(실의 가닥 수)로 표기했습니다.
예) 새틴s 3773(2) : 3773번 실 2가닥으로 새틴 스티치를 합니다.

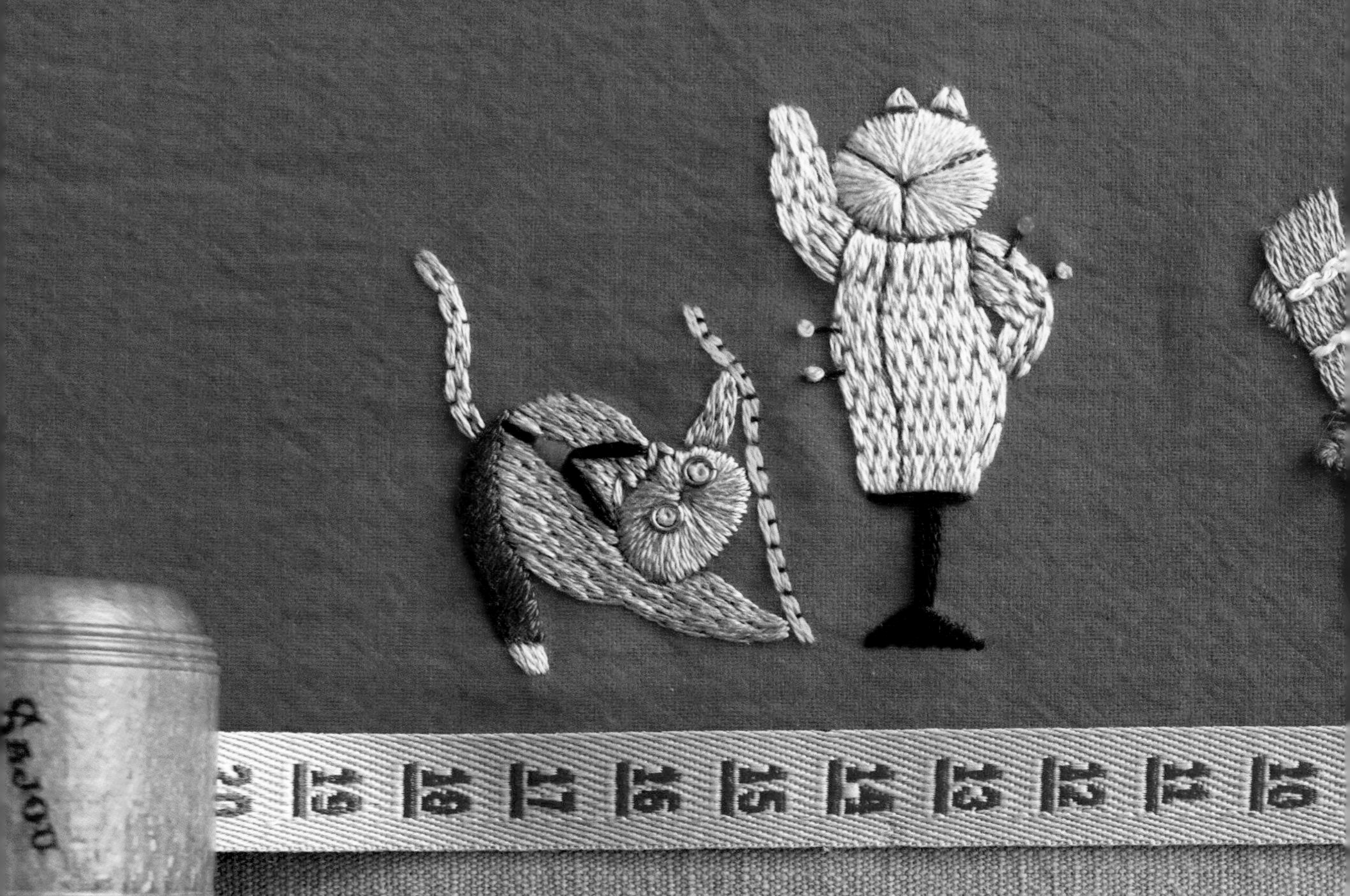
20 19 18 17 16 15 14 13 12 11 10

HELP!

Cat Embroidery
05
야옹 의상실

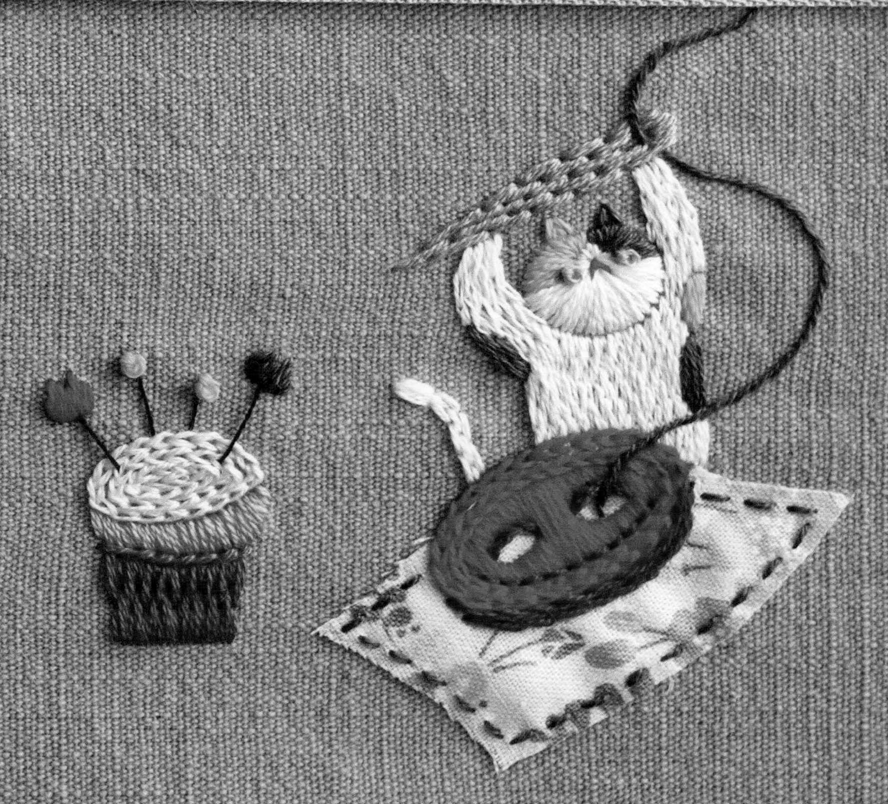

Cat Embroidery 05

How to Make

● 사용된 실

DMC 25번사 : B5200, ECRU, 07, 22, 155, 310, 311, 318, 605, 606, 632, 742, 745, 754, 760, 761, 816, 819, 832, 839, 840, 924, 938, 959, 3031, 3072, 3706, 3773, 3777, 3846, 3857

● 그 외 재료

고바야시 무지 원단(2246), 천연 염색 원단(민트색), 아플리케 원단(광목, 꽃무늬 원단), 3mm O링 (골드)

● 사용된 스티치

러닝 스티치, 롱 앤드 쇼트 스티치, 백 스티치, 불리온 스티치, 블랭킷 스티치, 스플릿 백 스티치, 새틴 스티치, 스트레이트 스티치, 스미르나 스티치, 아우트라인 스티치, 우븐 필링 스티치, 체인 스티치, 카우칭 스티치, 프렌치 노트 스티치, 프리 스티치, 플라이 스티치

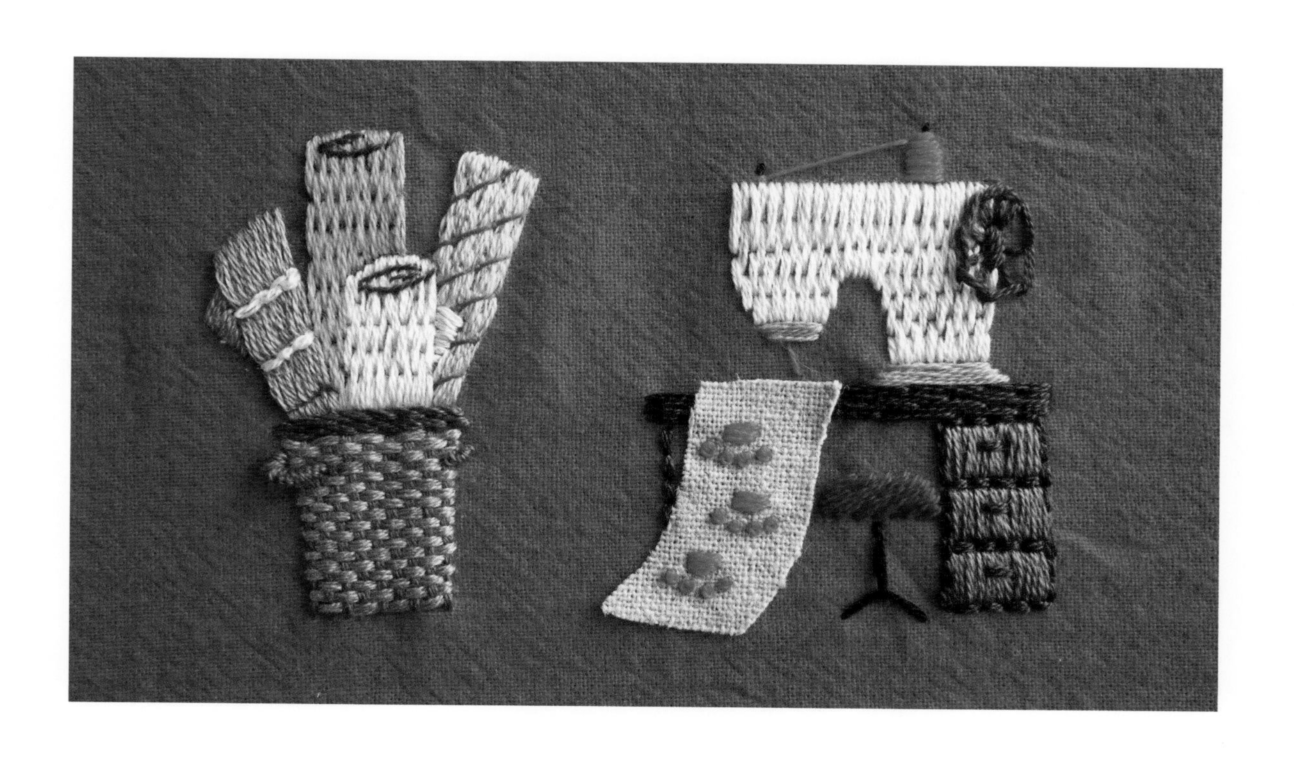

HELP!

● 스티치 ●

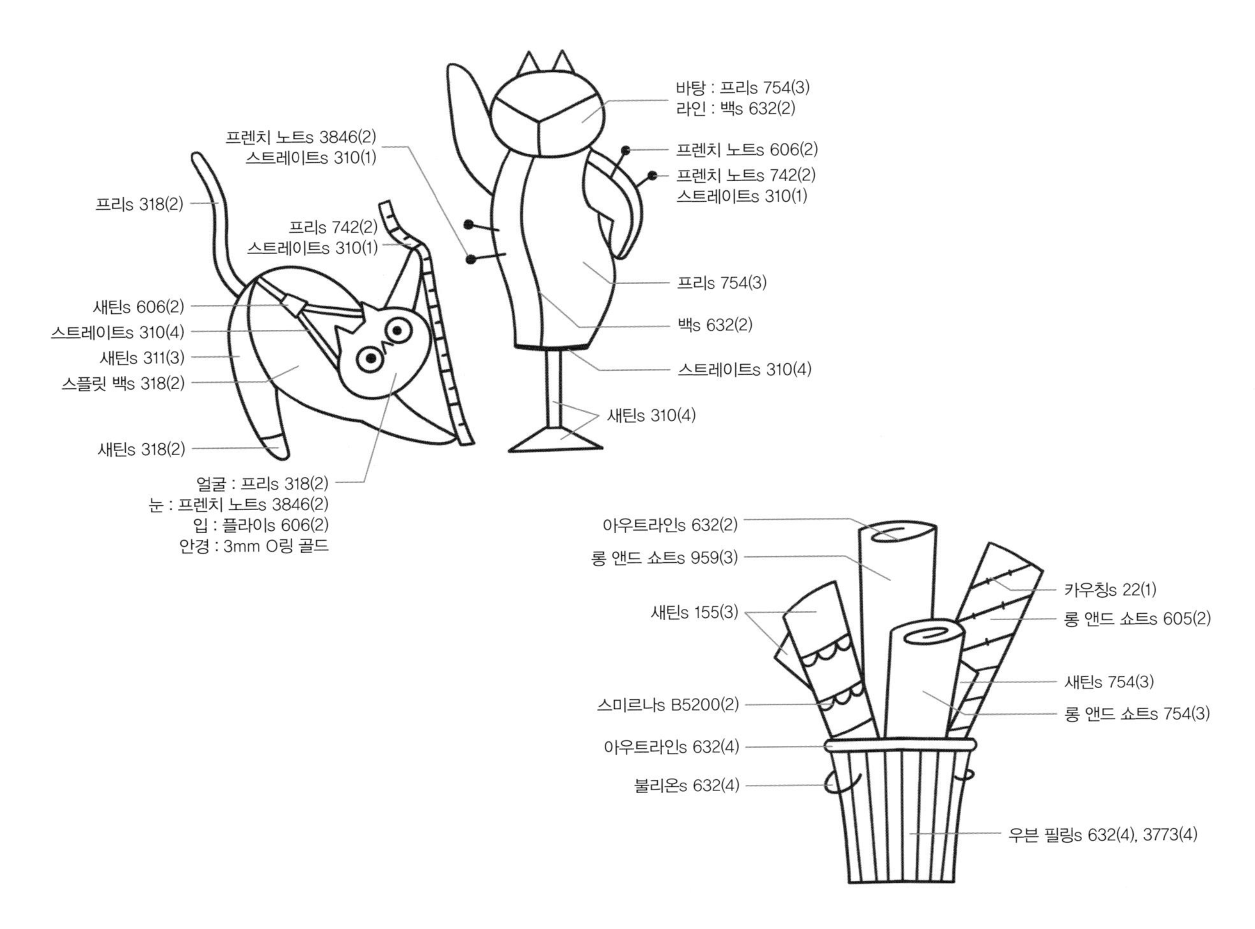

바탕 : 프리s 754(3)
라인 : 백s 632(2)
프렌치 노트s 3846(2)
스트레이트s 310(1)
프렌치 노트s 606(2)
프렌치 노트s 742(2)
스트레이트s 310(1)
프리s 318(2)
프리s 742(2)
스트레이트s 310(1)
프리s 754(3)
새틴s 606(2)
스트레이트s 310(4)
백s 632(2)
새틴s 311(3)
스플릿 백s 318(2)
스트레이트s 310(4)
새틴s 310(4)
새틴s 318(2)
얼굴 : 프리s 318(2)
눈 : 프렌치 노트s 3846(2)
입 : 플라이s 606(2)
안경 : 3mm O링 골드
아우트라인s 632(2)
롱 앤드 쇼트s 959(3)
카우칭s 22(1)
새틴s 155(3)
롱 앤드 쇼트s 605(2)
새틴s 754(3)
스미르나s B5200(2)
롱 앤드 쇼트s 754(3)
아우트라인s 632(4)
불리온s 632(4)
우븐 필링s 632(4), 3773(4)

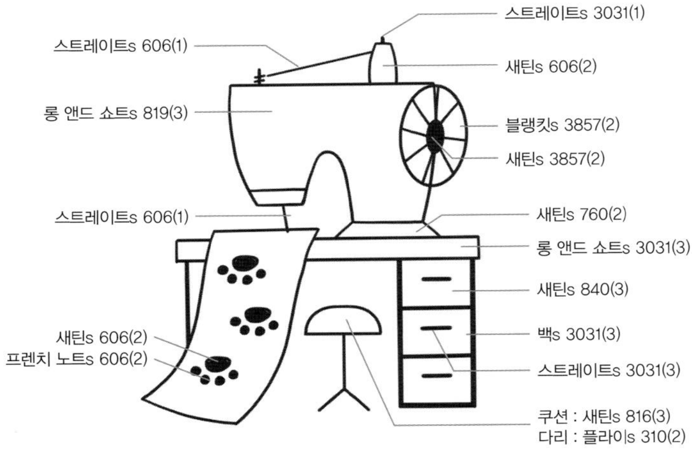

스트레이트s 3031(1)
스트레이트s 606(1)
새틴s 606(2)
롱 앤드 쇼트s 819(3)
블랭킷s 3857(2)
새틴s 3857(2)
스트레이트s 606(1)
새틴s 760(2)
롱 앤드 쇼트s 3031(3)
새틴s 840(3)
새틴s 606(2)
프렌치 노트s 606(2)
백s 3031(3)
스트레이트s 3031(3)
쿠션 : 새틴s 816(3)
다리 : 플라이s 310(2)

1. 아플리케 할 원단 가장자리를 올풀림 방지액을 이용해 정리합니다.
2. 배경 원단위에 시침질로 고정한 후 그 위에 발바닥을 수놓습니다.

스티치

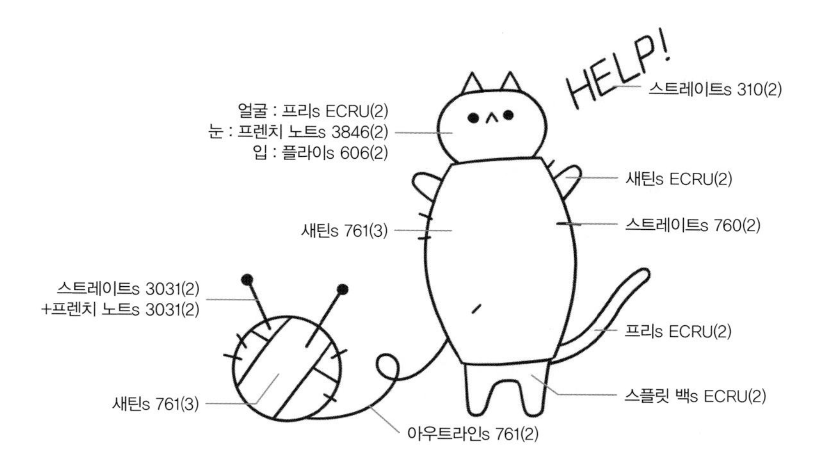
HELP!
스트레이트s 310(2)
얼굴 : 프리s ECRU(2)
눈 : 프렌치 노트s 3846(2)
입 : 플라이s 606(2)
새틴s ECRU(2)
새틴s 761(3)
스트레이트s 760(2)
스트레이트s 3031(2)
+프렌치 노트s 3031(2)
프리s ECRU(2)
새틴s 761(3)
스플릿 백s ECRU(2)
아우트라인s 761(2)

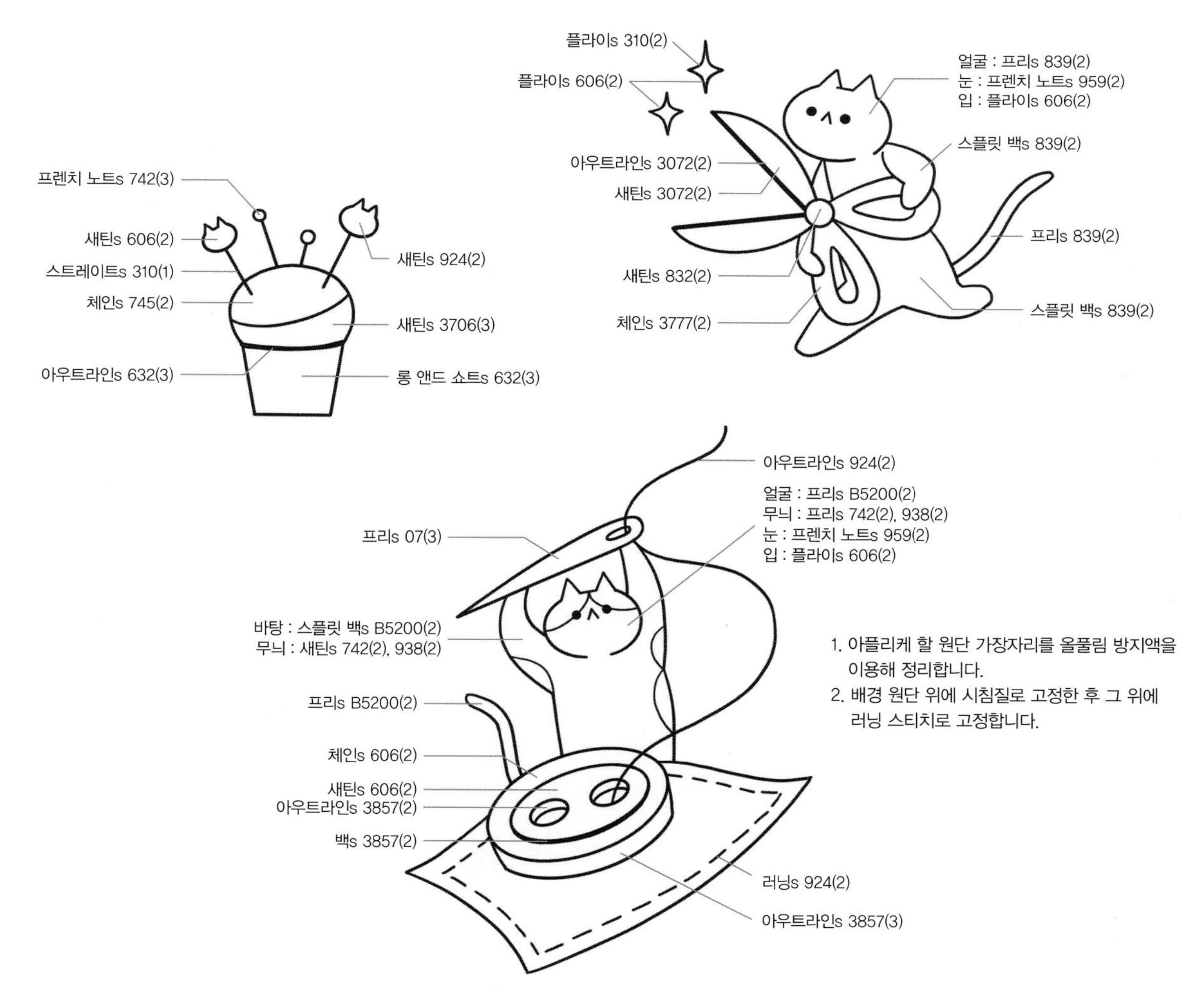
플라이s 310(2)
플라이s 606(2)
얼굴 : 프리s 839(2)
눈 : 프렌치 노트s 959(2)
입 : 플라이s 606(2)
스플릿 백s 839(2)
아우트라인s 3072(2)
새틴s 3072(2)
프리s 839(2)
새틴s 832(2)
스플릿 백s 839(2)
체인s 3777(2)
프렌치 노트s 742(3)
새틴s 606(2)
새틴s 924(2)
스트레이트s 310(1)
체인s 745(2)
새틴s 3706(3)
아우트라인s 632(3)
롱 앤드 쇼트s 632(3)
아우트라인s 924(2)
얼굴 : 프리s B5200(2)
무늬 : 프리s 742(2), 938(2)
눈 : 프렌치 노트s 959(2)
입 : 플라이s 606(2)
프리s 07(3)
바탕 : 스플릿 백s B5200(2)
무늬 : 새틴s 742(2), 938(2)
프리s B5200(2)
체인s 606(2)
새틴s 606(2)
아우트라인s 3857(2)
백s 3857(2)
러닝s 924(2)
아우트라인s 3857(3)

1. 아플리케 할 원단 가장자리를 올풀림 방지액을 이용해 정리합니다.
2. 배경 원단 위에 시침질로 고정한 후 그 위에 러닝 스티치로 고정합니다.

도안 설명은 스티치→실 번호→(실의 가닥 수)로 표기했습니다.
예) 새틴s 3773(2) : 3773번 실 2가닥으로 새틴 스티치를 합니다.

Aiguilles
feutrine
CHINA

Cat Embroidery

06

야옹 서커스단

Cat Embroidery 06

How to Make

● **사용된 실**

접시 돌리기 DMC 25번사 : B5200, ECRU, 606, 964, 3371, 3713, 3801, 3846, 3848

공중 그네 DMC 25번사 : 606, 645, 959, 972, 3371, 3857, 3866

삐에로 DMC 25번사 : B5200, ECRU, 606, 666, 3371, 3846, 3848, 3855 | 투명사 (비즈 자수에 이용)

대포 DMC 25번사 : B5200, ECRU, 310, 606, 959, 972, 3371, 3801, 3848 | 마데이라 9842 스파클링 : 24

사자 DMC 25번사 : B5200, 310, 606, 666, 742, 920, 959, 3854, 3857

단장 DMC 25번사 : 310, 321, 550, 554, 606, 742, 3846 | 마데이라 9842 스파클링 : 24 | 투명사 (비즈 자수에 이용)

● **그 외 재료**

접시 돌리기 천가게 워싱 린넨(W519), 6.5×8.5cm 고무 수틀

공중 그네 면 원단(진회색), 15×9.5cm 우드 수틀

삐에로 고바야시 무지 원단(2249), 미유끼 2mm 시드 비즈(10), 4mm 스팽글(믹스), 5.8cm 니들 마인더

대포 고바야시 무지 원단(2083), 5.8cm 앤틱 거울

사자 고바야시 무지 원단(2249), 10×14cm 고무 수틀

단장 고바야시 무지 원단(2083), 4mm O링(골드), 미유끼 1.5mm 시드 비즈 (182), 10×14cm 고무 수틀

● **사용된 스티치**

접시 돌리기 링 스티치, 백 스티치, 새틴 스티치, 스플릿 백 스티치, 캐스트 온 스티치, 프렌치 노트 스티치, 프리 스티치, 플라이 스티치, 피스틸 스티치, 휠 스티치

공중 그네 롱 앤드 쇼트 스티치, 새틴 스티치, 스트레이트 스티치, 스플릿 백 스티치, 아우트라인 스티치, 체인 스티치, 프렌치 노트 스티치, 프리 스티치, 플라이 스티치

삐에로 백 스티치, 새틴 스티치, 스트레이트 스티치, 스플릿 백 스티치, 캐스트 온 스티치, 프렌치 노트 스티치, 프리 스티치, 플라이 스티치

대포 레이지 데이지 스티치, 백 스티치, 링 스티치, 체인 스티치, 새틴 스티치, 스트레이트 스티치, 프리 스티치, 프렌치 노트 스티치, 플라이 스티치, 피시본 스티치

사자 레이지 데이지 스티치, 스미르나 스티치, 스플릿 백 스티치, 아우트라인 스티치, 프렌치 노트 스티치, 프리 스티치, 플라이 스티치, 휘프트 백 스티치

단장 롱 앤드 쇼트 스티치, 불리온 스티치, 새틴 스티치, 스트레이트 스티치, 스플릿 백 스티치, 아우트라인 스티치, 프렌치 노트 스티치, 프리 스티치, 플라이 스티치, 휘프트 백 스티치

p.49 액자 만드는 방법(수틀을 이용하는 경우) 참고

E GREA
set for the
is a rari
: it has
ears. Whe
ter and
one imag
set for s
does not
Hallows
Incredib

HALL
CHINA
to build the

• 도안 •

접시 돌리기
공중 그네
삐에로
단장
사자
대포

● 스티치 ●

접시 돌리기

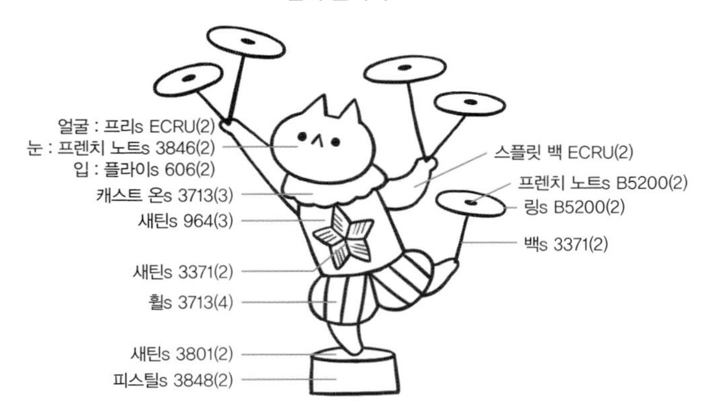

얼굴 : 프리s ECRU(2)
눈 : 프렌치 노트s 3846(2)
입 : 플라이s 606(2)
캐스트 온s 3713(3)
새틴s 964(3)
새틴s 3371(2)
휠s 3713(4)
새틴s 3801(2)
피스틸s 3848(2)
스플릿 백 ECRU(2)
프렌치 노트s B5200(2)
링s B5200(2)
백s 3371(2)

공중 그네

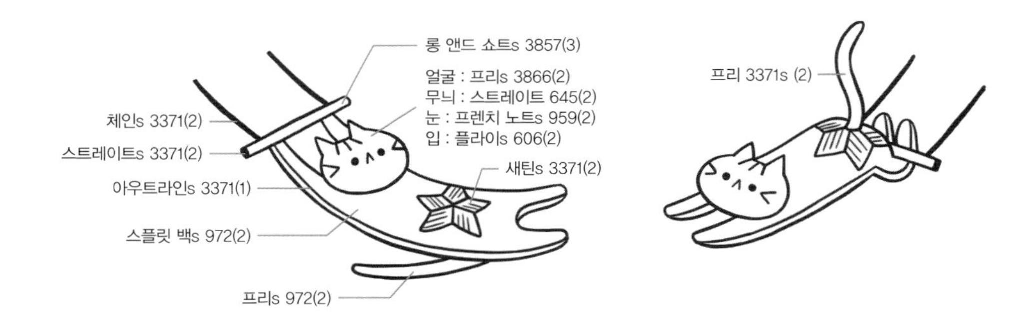

롱 앤드 쇼트s 3857(3)
얼굴 : 프리s 3866(2)
무늬 : 스트레이트 645(2)
눈 : 프렌치 노트s 959(2)
입 : 플라이s 606(2)
체인s 3371(2)
스트레이트s 3371(2)
아우트라인s 3371(1)
새틴s 3371(2)
스플릿 백s 972(2)
프리s 972(2)
프리 3371s (2)

삐에로

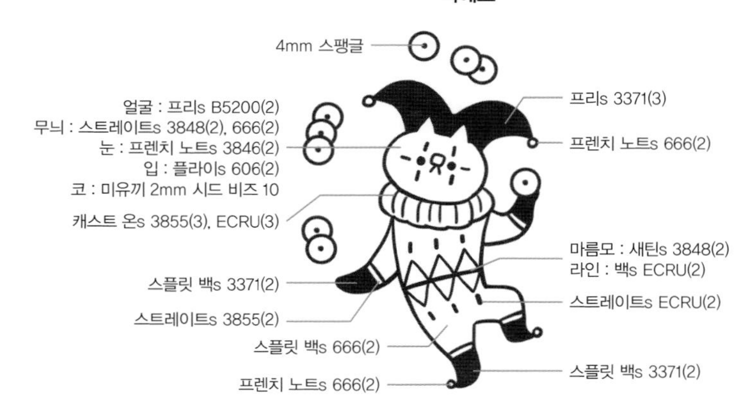

4mm 스팽글
얼굴 : 프리s B5200(2)
무늬 : 스트레이트s 3848(2), 666(2)
눈 : 프렌치 노트s 3846(2)
입 : 플라이s 606(2)
코 : 미유끼 2mm 시드 비즈 10
캐스트 온s 3855(3), ECRU(3)
스플릿 백s 3371(2)
스트레이트s 3855(2)
스플릿 백s 666(2)
프렌치 노트s 666(2)
프리s 3371(3)
프렌치 노트s 666(2)
마름모 : 새틴s 3848(2)
라인 : 백s ECRU(2)
스트레이트s ECRU(2)
스플릿 백s 3371(2)

● 스티치 ●

대포

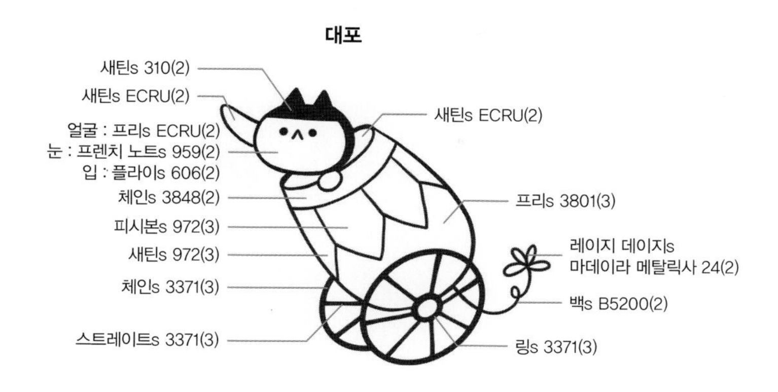

새틴s 310(2)
새틴s ECRU(2)
얼굴 : 프리s ECRU(2)
눈 : 프렌치 노트s 959(2)
입 : 플라이s 606(2)
체인s 3848(2)
피시본s 972(3)
새틴s 972(3)
체인s 3371(3)
스트레이트s 3371(3)
새틴s ECRU(2)
프리s 3801(3)
레이지 데이지s
마데이라 메탈릭사 24(2)
백s B5200(2)
링s 3371(3)

사자

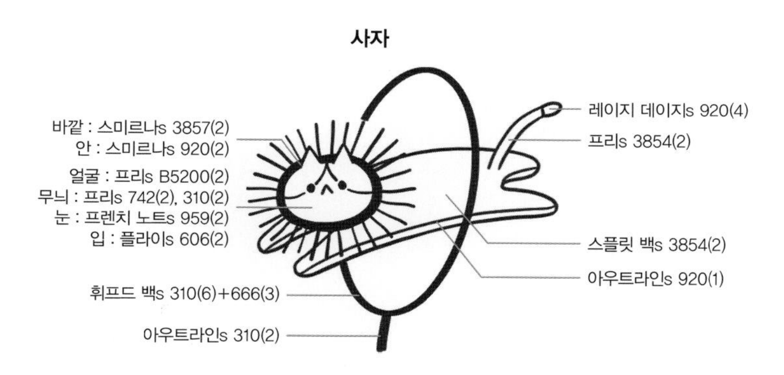

바깥 : 스미르나s 3857(2)
안 : 스미르나s 920(2)
얼굴 : 프리s B5200(2)
무늬 : 프리s 742(2), 310(2)
눈 : 프렌치 노트s 959(2)
입 : 플라이s 606(2)
휘프드 백s 310(6)+666(3)
아우트라인s 310(2)
레이지 데이지s 920(4)
프리s 3854(2)
스플릿 백s 3854(2)
아우트라인s 920(1)

단장

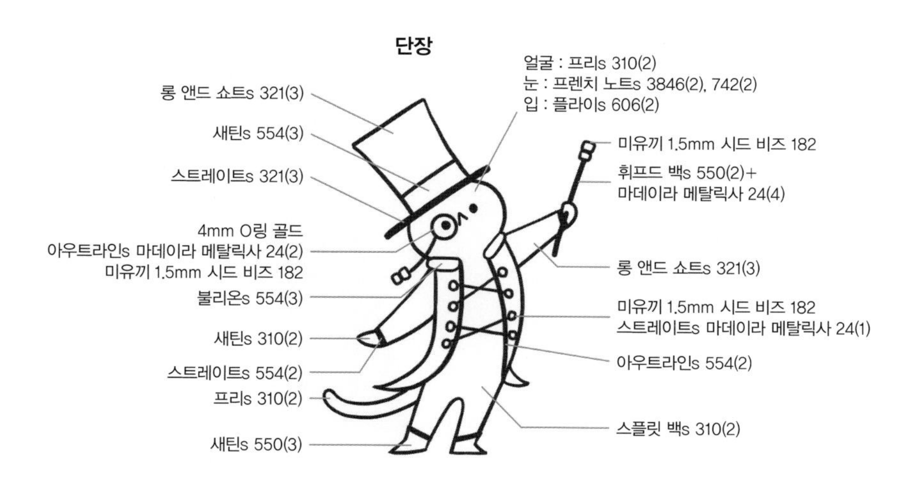

얼굴 : 프리s 310(2)
눈 : 프렌치 노트s 3846(2), 742(2)
입 : 플라이s 606(2)
롱 앤드 쇼트s 321(3)
새틴s 554(3)
스트레이트s 321(3)
4mm O링 골드
아우트라인s 마데이라 메탈릭사 24(2)
미유끼 1.5mm 시드 비즈 182
불리온s 554(3)
새틴s 310(2)
스트레이트s 554(2)
프리s 310(2)
새틴s 550(3)
미유끼 1.5mm 시드 비즈 182
휘프드 백s 550(2)+
마데이라 메탈릭사 24(4)
롱 앤드 쇼트s 321(3)
미유끼 1.5mm 시드 비즈 182
스트레이트s 마데이라 메탈릭사 24(1)
아우트라인s 554(2)
스플릿 백s 310(2)

도안 설명은 스티치→실 번호→(실의 가닥 수)로 표기했습니다.
예) 새틴s 3773(2) : 3773번 실 2가닥으로 새틴 스티치를 합니다.

Hi
HONEY, THIS IS FOR YOU
LAZY AFTERNOON
WITH MY SISTER

LUNCH TIME FOR
ON THE LAKE
Cat Embroidery
07
우리들의 추억
HIDE-AND-SEEK

How to Make

● **사용된 실**

Hi DMC 25번사 : 19, 310, 319, 350, 522, 606, 778, 3371, 3846, 3857, 3866

ON THE LAKE DMC 25번사 : B5200, 27, 32, 498, 606, 819, 3371, 3773, 3823, 3846

LAZY AFTERNOON DMC 25번사 : B5200, 351, 369, 606, 822, 835, 840, 917, 959, 967, 3371, 3823

HONEY, THIS IS FOR YOU DMC 25번사 : 32, 208, 310, 606, 733, 742, 819, 3371, 3824

LUNCH TIME FOR… DMC 25번사 : B5200, 225, 310, 436, 733, 742, 948, 976, 3371, 3823, 3880

WITH MY SISTER DMC 25번사 : B5200, 350, 352, 606, 666, 760, 761, 945, 959, 3371, 3823, 3826, 3827 | 마데이라 9842 스파클링 : 24

HIDE-AND-SEEK DMC 25번사 : 300, 543, 606, 730, 733, 976, 3371, 3820, 3823, 3846, 3863

● **그 외 재료**

1.2mm 두께 하드 펠트지(흰색)

Hi 고바야시 무지 원단(2159)

ON THE LAKE 고바야시 무지 원단(2074)

LAZY AFTERNOON 천가게 워싱 린넨(W512)

HONEY, THIS IS FOR YOU 고바야시 무지 원단(2248)

LUNCH TIME FOR… 천가게 워싱 린넨(W507)

WITH MY SISTER 고바야시 무지 원단(2155)

HIDE-AND-SEEK 원단 미상(개나리색)

● **사용된 스티치**

Hi 백 스티치, 스미르나 스티치, 스트레이트 스티치, 스플릿 백 스티치, 아우트라인 스티치, 체인 스티치, 프렌치 노트 스티치, 프리 스티치, 플라이 스티치

ON THE LAKE 레이지 데이지 스티치, 백 스티치, 새틴 스티치, 스트레이트 스티치, 스플릿 백 스티치, 아우트라인 스티치, 우븐 필링 스티치, 프렌치 노트 스티치, 프리 스티치, 플라이 스티치

LAZY AFTERNOON 러닝 스티치, 레이지 데이지 스티치, 링 스티치, 백 스티치, 새틴 스티치, 스미르나 스티치, 스트레이트 스티치, 스플릿 백 스티치, 아우트라인 스티치, 프렌치 노트 스티치, 프리 스티치, 플라이 스티치

HONEY, THIS IS FOR YOU 링 스티치, 백 스티치, 블랭킷 스티치, 새틴 스티치, 스미르나 스티치, 스트레이트 스티치, 아우트라인 스티치, 프렌치 노트 스티치, 프리 스티치, 플라이 스티치

LUNCH TIME FOR… 백 스티치, 새틴 스티치, 아우트라인 스티치, 체인 스티치, 캐스트 온 스티치, 프렌치 노트 스티치, 플라이 스티치

WITH MY SISTER 레이지 데이지 스티치, 백 스티치, 새틴 스티치, 스미르나 스티치, 스트레이트 스티치, 스플릿 백 스티치, 체인 스티치, 프렌치 노트 스티치, 프리 스티치, 플라이 스티치

HIDE-AND-SEEK 레이지 데이지 스티치, 백 스티치, 불리온 스티치, 새틴 스티치, 스트레이트 스티치, 스플릿 백 스티치, 시드 스티치, 아우트라인 스티치, 체인 스티치, 프렌치 노트 스티치, 프리 스티치, 플라이 스티치

Hi

HONEY, THIS IS FOR YOU

CH TIME FOR...
ON THE LAKE

LAZY AFTERNOON

WITH MY SISTER

● 도안 ●

Hi

HI

ON THE LAKE

ON THE LAKE

LAZY AFTERNOON

LAZY AFTERNOON

HONEY, THIS IS FOR YOU

HONEY, THIS IS FOR YOU

● 도안 ●

LUNCH TIME FOR…

LUNCH TIME FOR...

WITH MY SISTER

WITH MY SISTER

HIDE-AND-SEEK

HIDE - AND - SEEK

스티치

Hi

스미르나s 19(3)
체인s 310(3)
스트레이트s 310(3)
프리s 350(2)
가장자리 : 아우트라인s 522(2)
잎 맥 : 플라이 522(3)
가장자리 : 아우트라인s 319(2)
잎 맥 : 플라이s 319(3)
줄기 : 스트레이트s 3857(2)
꽃 : 프렌치 노트s 778(3)
프리s 3866(2)
얼굴 : 프리s 3866(2)
눈 : 프렌치 노트s 3846(2)
입 : 플라이s 606(2)
스플릿 백s 3866(2)

ON THE LAKE

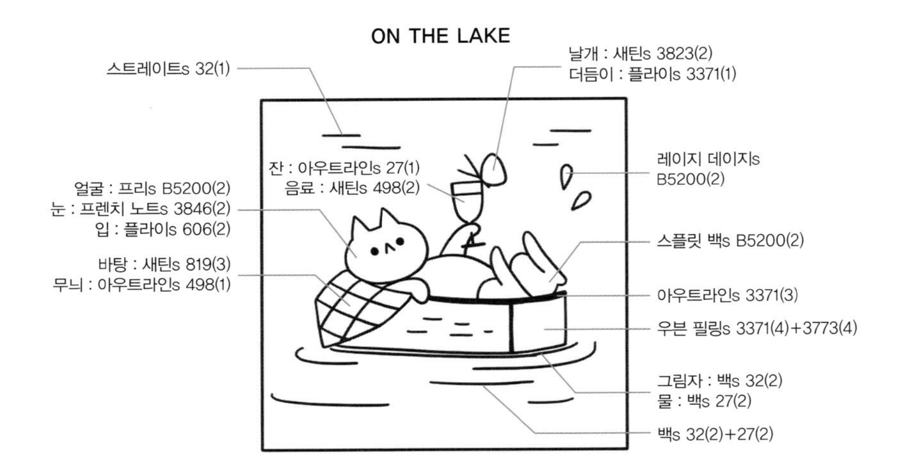

스트레이트s 32(1)
날개 : 새틴s 3823(2)
더듬이 : 플라이s 3371(1)
잔 : 아우트라인s 27(1)
음료 : 새틴s 498(2)
얼굴 : 프리s B5200(2)
눈 : 프렌치 노트s 3846(2)
입 : 플라이s 606(2)
바탕 : 새틴s 819(3)
무늬 : 아우트라인s 498(1)
레이지 데이지s
B5200(2)
스플릿 백s B5200(2)
아우트라인s 3371(3)
우븐 필링s 3371(4)+3773(4)
그림자 : 백s 32(2)
물 : 백s 27(2)
백s 32(2)+27(2)

LAZY AFTERNOON

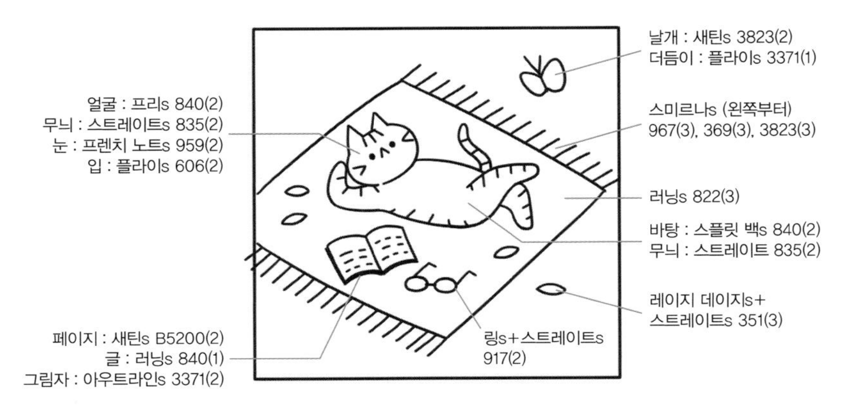

날개 : 새틴s 3823(2)
더듬이 : 플라이s 3371(1)
얼굴 : 프리s 840(2)
무늬 : 스트레이트s 835(2)
눈 : 프렌치 노트s 959(2)
입 : 플라이s 606(2)
스미르나s (왼쪽부터)
967(3), 369(3), 3823(3)
러닝s 822(3)
바탕 : 스플릿 백s 840(2)
무늬 : 스트레이트 835(2)
레이지 데이지s+
스트레이트s 351(3)
페이지 : 새틴s B5200(2)
글 : 러닝s 840(1)
그림자 : 아우트라인s 3371(2)
링s+스트레이트s
917(2)

• 스티치 •

HONEY, THIS IS FOR YOU

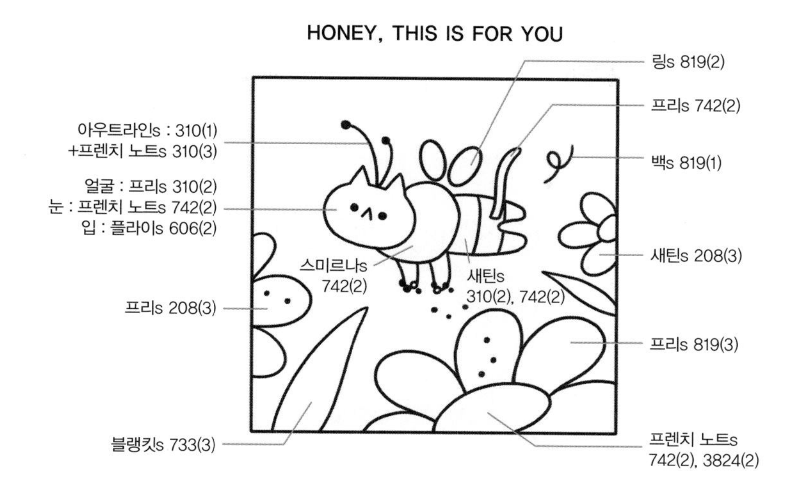

링s 819(2)
프리s 742(2)
아우트라인s : 310(1)
+프렌치 노트s 310(3)
백s 819(1)
얼굴 : 프리s 310(2)
눈 : 프렌치 노트s 742(2)
입 : 플라이s 606(2)
새틴s 208(3)
스미르나s
742(2)
새틴s
310(2), 742(2)
프리s 208(3)
프리s 819(3)
블랭킷s 733(3)
프렌치 노트s
742(2), 3824(2)

LUNCH TIME FOR…

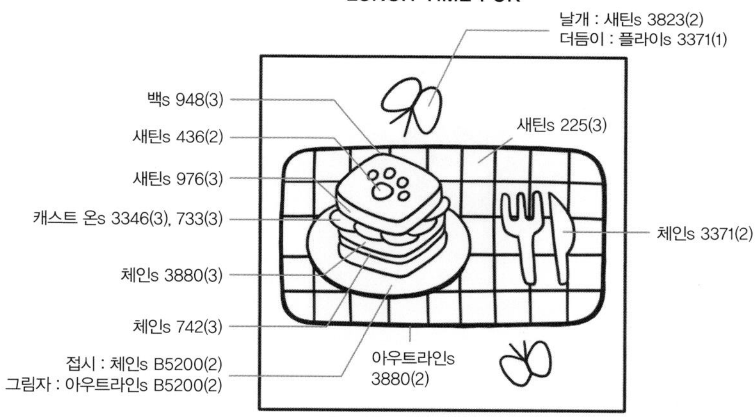

날개 : 새틴s 3823(2)
더듬이 : 플라이s 3371(1)
백s 948(3)
새틴s 225(3)
새틴s 436(2)
새틴s 976(3)
캐스트 온s 3346(3), 733(3)
체인s 3371(2)
체인s 3880(3)
체인s 742(3)
접시 : 체인s B5200(2)
그림자 : 아우트라인s B5200(2)
아우트라인s
3880(2)

WITH MY SISTER

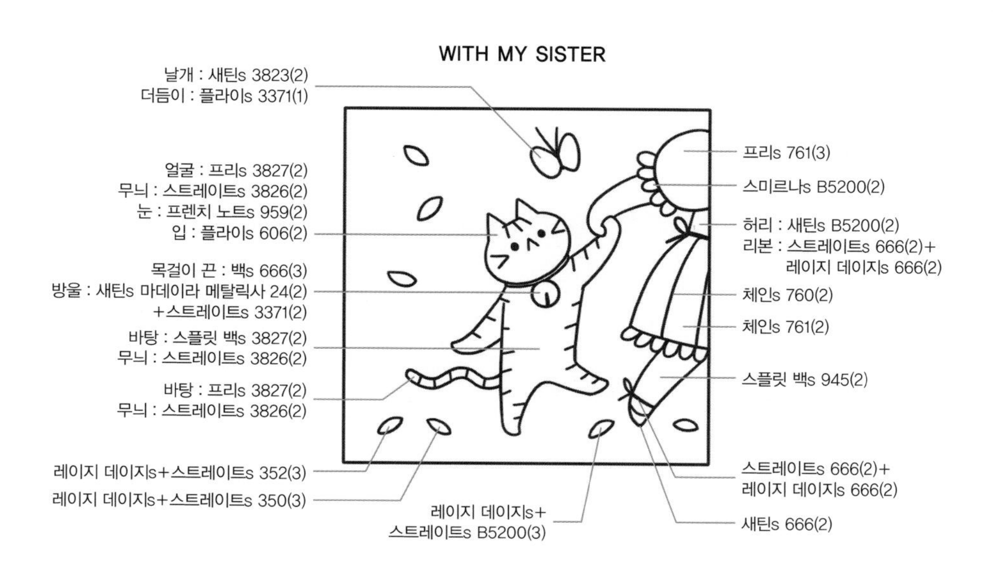

날개 : 새틴s 3823(2)
더듬이 : 플라이s 3371(1)
프리s 761(3)
얼굴 : 프리s 3827(2)
무늬 : 스트레이트s 3826(2)
눈 : 프렌치 노트s 959(2)
입 : 플라이s 606(2)
스미르나s B5200(2)
허리 : 새틴s B5200(2)
리본 : 스트레이트s 666(2)+
레이지 데이지s 666(2)
목걸이 끈 : 백s 666(3)
방울 : 새틴s 마데이라 메탈릭사 24(2)
+스트레이트s 3371(2)
체인s 760(2)
체인s 761(2)
바탕 : 스플릿 백s 3827(2)
무늬 : 스트레이트s 3826(2)
스플릿 백s 945(2)
바탕 : 프리s 3827(2)
무늬 : 스트레이트s 3826(2)
레이지 데이지s+스트레이트s 352(3)
스트레이트s 666(2)+
레이지 데이지s 666(2)
레이지 데이지s+스트레이트s 350(3)
레이지 데이지s+
스트레이트s B5200(3)
새틴s 666(2)

● 스티치 ●

HIDE-AND-SEEK

얼굴 : 프리s 543(2)
얼굴 속, 귀 : 프리s 3863(2)
눈 : 프렌치 노트s 3846(2)
입 : 플라이s 606(2)
가장자리 : 백s 3820(3)
안 : 시드s 3820(3)
스트레이트s 730(1)
날개 : 새틴s 3823(2)
더듬이 : 플라이s 3371(1)
레이지 데이지s 733(2)
새틴s 3863(2)
스플릿 백s 543(2)
아우트라인s 976(2)
바탕 : 체인s 300(2)
무늬 : 체인s 976(2)
불리온s 730(3), 733(3)

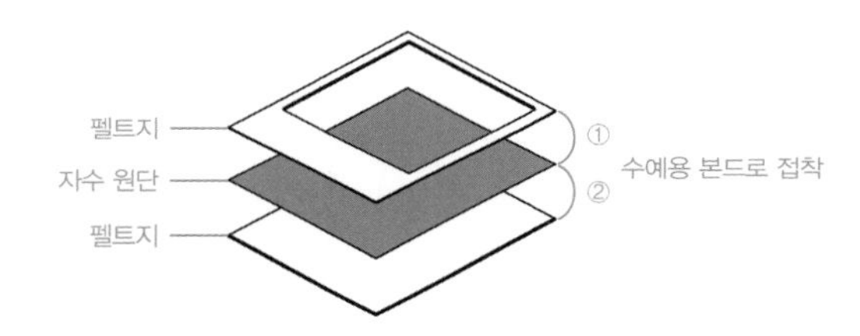

펠트지
자수 원단
펠트지
①
②
수예용 본드로 접착

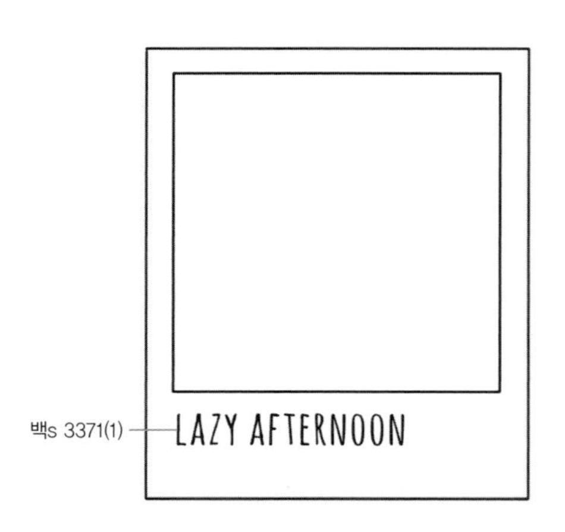

백s 3371(1)
LAZY AFTERNOON

도안 설명은 스티치→실 번호→(실의 가닥 수)로 표기했습니다.
예) 새틴s 3773(2) : 3773번 실 2가닥으로 새틴 스티치를 합니다.

HIDE-AND-SEEK

Cat Embroidery

08

으슬으슬 할로윈

Cat Embroidery 08

How to Make

● 사용된 실

DMC 25번사 : 08, 153, 154, 310, 606, 741, 742, 920, 3846, 3866

DMC 라이트이펙트사 : E436

p.50 액자 만드는 방법(펠트지를 이용하는 경우) 참고

● 그 외 재료

고바야시 무지 원단(2174), 하드 펠트지

● 사용된 스티치

러닝 스티치, 백 스티치, 새틴 스티치, 스미르나 스티치, 스트레이트 스티치, 프렌치 노트 스티치, 프리 스티치, 플라이 스티치

● 도안 ●

● 스티치 ●

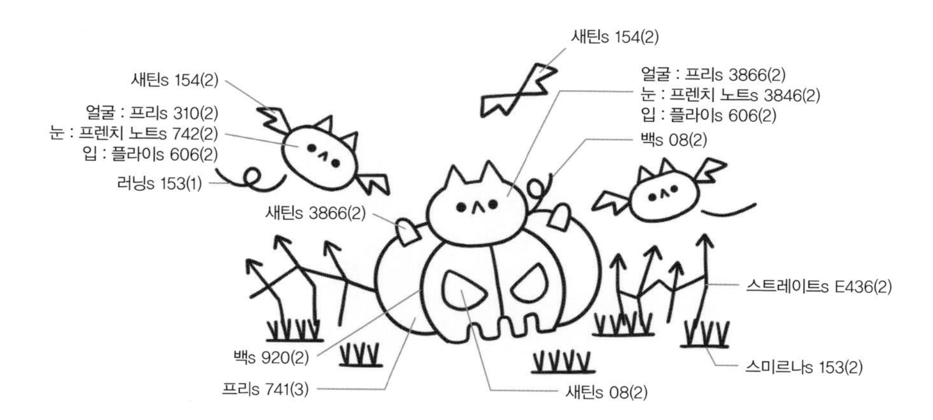
새틴s 154(2)
새틴s 154(2)
얼굴 : 프리s 310(2)
눈 : 프렌치 노트s 742(2)
입 : 플라이s 606(2)
러닝s 153(1)
얼굴 : 프리s 3866(2)
눈 : 프렌치 노트s 3846(2)
입 : 플라이s 606(2)
백s 08(2)
새틴s 3866(2)
스트레이트s E436(2)
백s 920(2)
프리s 741(3)
스미르나s 153(2)
새틴s 08(2)

도안 설명은 스티치→실 번호→(실의 가닥 수)로 표기했습니다.
예) 새틴s 3773(2) : 3773번 실 2가닥으로 새틴 스티치를 합니다.

Cat Embroidery

09

할로윈 퍼레이드

Cat Embroidery 09

How to Make

● 사용된 실

DMC 25번사 : B5200, ECRU, 154, 310, 316, 326, 435, 554, 606, 740, 742, 920, 959, 975, 3846, 3862, 3864
애플톤 울사 : 707
마데이라 9842 스파클링 : 24
투명사 (비즈 자수에 이용)

● 그 외 재료

코튼 원단(2041), 미유끼 2mm 시드 비즈(3), 하드 펠트지

● 사용된 스티치

러닝 스티치, 롱 앤드 쇼트 스티치, 백 스티치, 번들 스티치, 새틴 스티치, 스트레이트 스티치, 스플릿 백 스티치, 시드 스티치, 프렌치 노트 스티치, 프리 스티치, 플라이 스티치, 피시본 스티치

p.50 액자 만드는 방법(펠트지를 이용하는 경우) 참고
p.48 리본 만드는 방법 참고

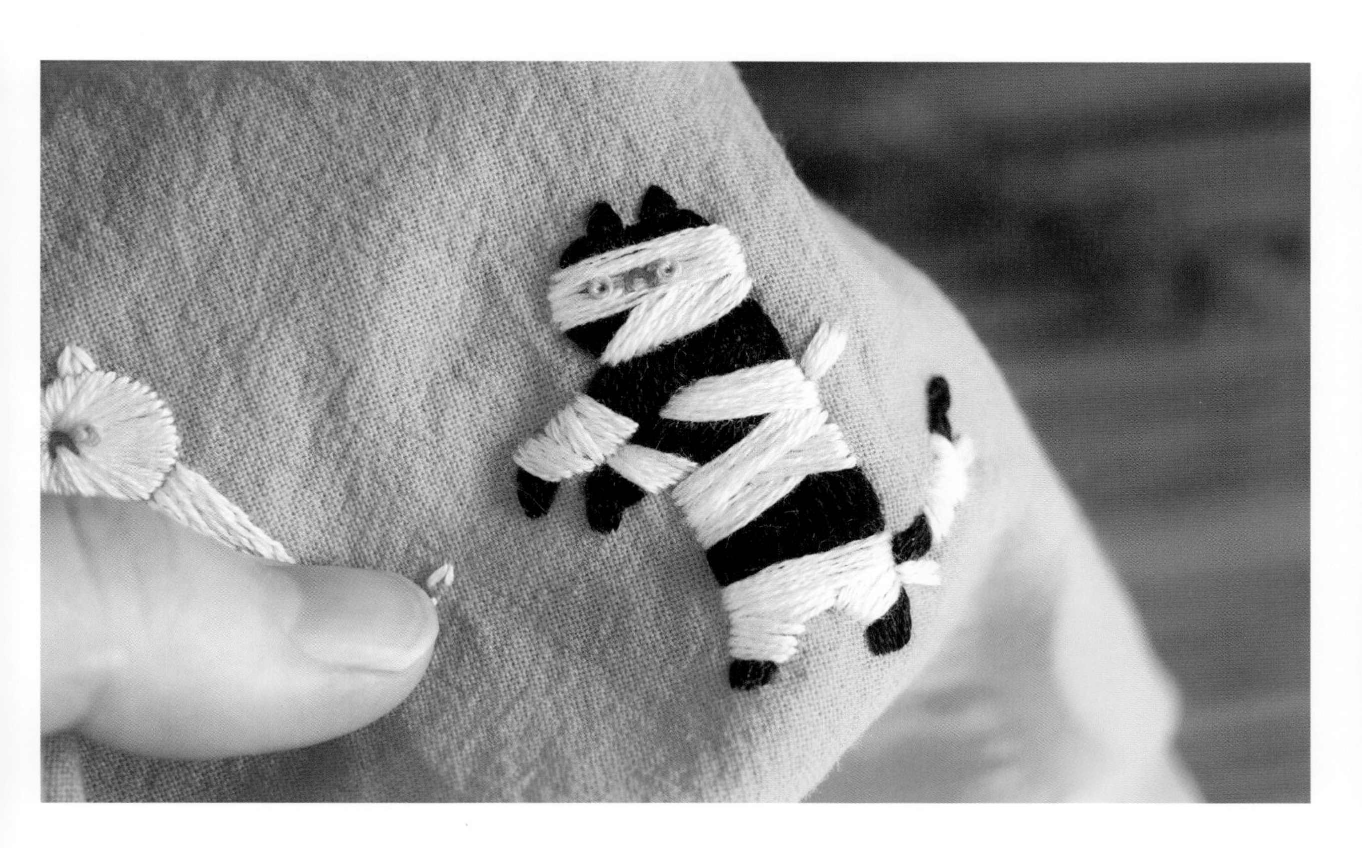

• 스티치 •

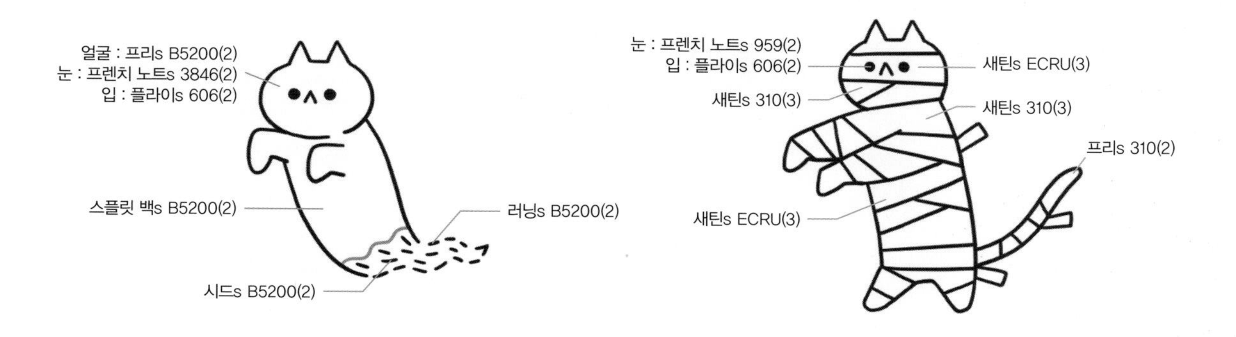

얼굴 : 프리s B5200(2)
눈 : 프렌치 노트s 3846(2)
입 : 플라이s 606(2)
스플릿 백s B5200(2)
러닝s B5200(2)
시드s B5200(2)
눈 : 프렌치 노트s 959(2)
입 : 플라이s 606(2)
새틴s ECRU(3)
새틴s 310(3)
새틴s 310(3)
프리s 310(2)
새틴s ECRU(3)

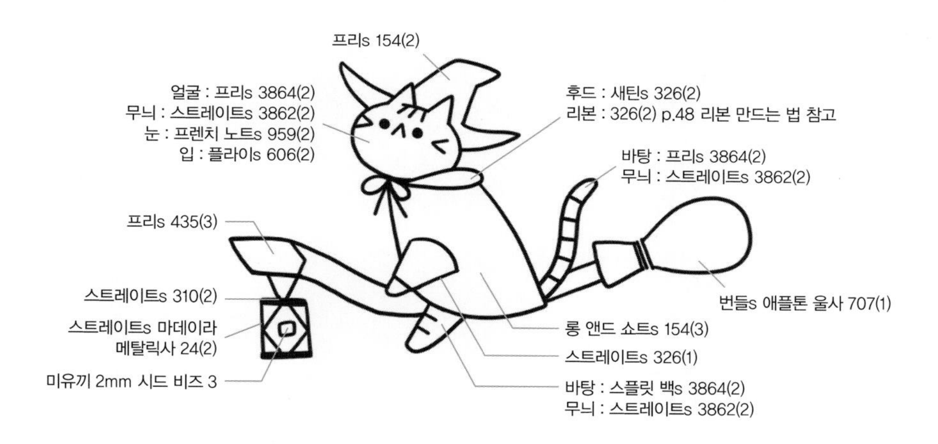

프리s 154(2)
얼굴 : 프리s 3864(2)
무늬 : 스트레이트s 3862(2)
눈 : 프렌치 노트s 959(2)
입 : 플라이s 606(2)
후드 : 새틴s 326(2)
리본 : 326(2) p.48 리본 만드는 법 참고
바탕 : 프리s 3864(2)
무늬 : 스트레이트s 3862(2)
프리s 435(3)
스트레이트s 310(2)
스트레이트s 마데이라
메탈릭사 24(2)
미유끼 2mm 시드 비즈 3
번들s 애플톤 울사 707(1)
롱 앤드 쇼트s 154(3)
스트레이트s 326(1)
바탕 : 스플릿 백s 3864(2)
무늬 : 스트레이트s 3862(2)

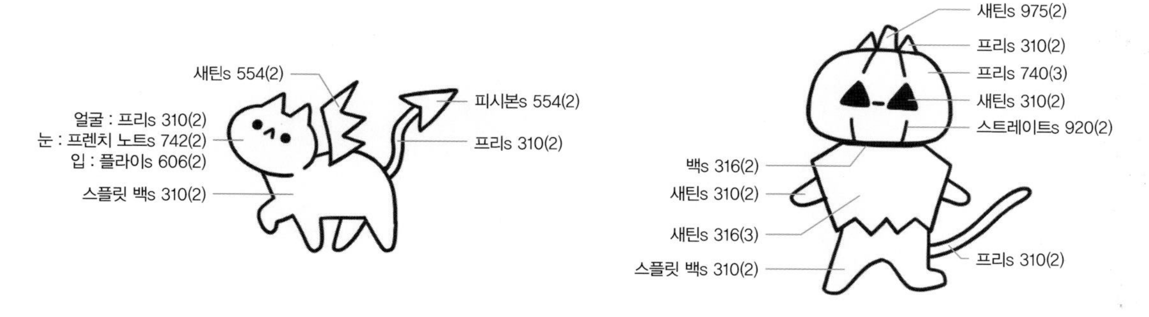

새틴s 554(2)
피시본s 554(2)
얼굴 : 프리s 310(2)
눈 : 프렌치 노트s 742(2)
입 : 플라이s 606(2)
프리s 310(2)
스플릿 백s 310(2)
새틴s 975(2)
프리s 310(2)
프리s 740(3)
새틴s 310(2)
스트레이트s 920(2)
백s 316(2)
새틴s 310(2)
새틴s 316(3)
프리s 310(2)
스플릿 백s 310(2)

※도안 별지

도안 설명은 스티치→실 번호→(실의 가닥 수)로 표기했습니다.
예) 새틴s 3773(2) : 3773번 실 2가닥으로 새틴 스티치를 합니다.

MERRY·C

RISTMAS

Cat Embroidery

10

메리 크리스마스

Cat Embroidery 10

How to Make

● 사용된 실

DMC 25번사 : B5200, ECRU, 300, 310, 420, 435, 498, 606, 648, 742, 817, 832, 842, 844, 934, 959, 3011, 3846
마데이라 9842 스파클링 : 24
투명사 (비즈 자수에 이용)

● 그 외 재료

고바야시 무지 원단(2249), 미유끼 2mm 시드 비즈(3), 미유끼 2mm 시드 비즈(10), 미유끼 1.5mm 시드 비즈(182), 3mm 스팽글(골드)

● 사용된 스티치

레이지 데이지 스티치, 백 스티치, 새틴 스티치, 스트레이트 스티치, 스플릿 백스티치, 아우트라인 스티치, 체인 스티치, 프렌치 노트 스티치, 프리 스티치, 플라이 스티치

MERRY·CHRISTMAS

• 스티치 •

백s 742(2)
MERRY CHRISTMAS
프렌치 노트s 742(2)
백s 832(2)
레이지 데이지s 742(2)
레이지 데이지s 832(2)
백s 마데이라 메탈릭사 24(2)
미유끼 2mm 시드 비즈 10
미유끼 1.5mm 시드 비즈 182
3mm 스팽글 골드
백s 310(1)

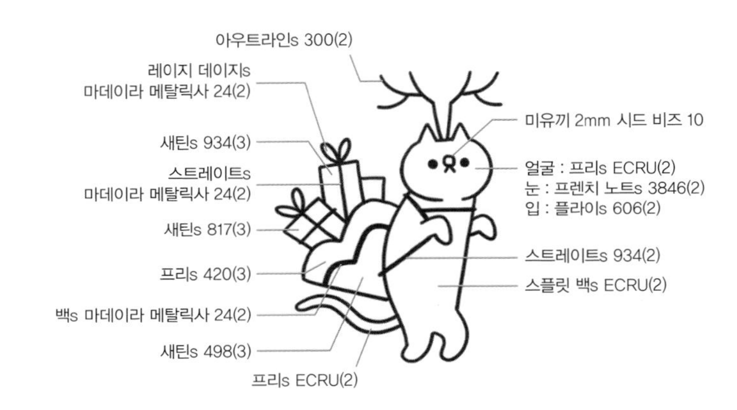
아우트라인s 300(2)
레이지 데이지s
마데이라 메탈릭사 24(2)
새틴s 934(3)
스트레이트s
마데이라 메탈릭사 24(2)
새틴s 817(3)
프리s 420(3)
백s 마데이라 메탈릭사 24(2)
새틴s 498(3)
프리s ECRU(2)
미유끼 2mm 시드 비즈 10
얼굴 : 프리s ECRU(2)
눈 : 프렌치 노트s 3846(2)
입 : 플라이s 606(2)
스트레이트s 934(2)
스플릿 백s ECRU(2)

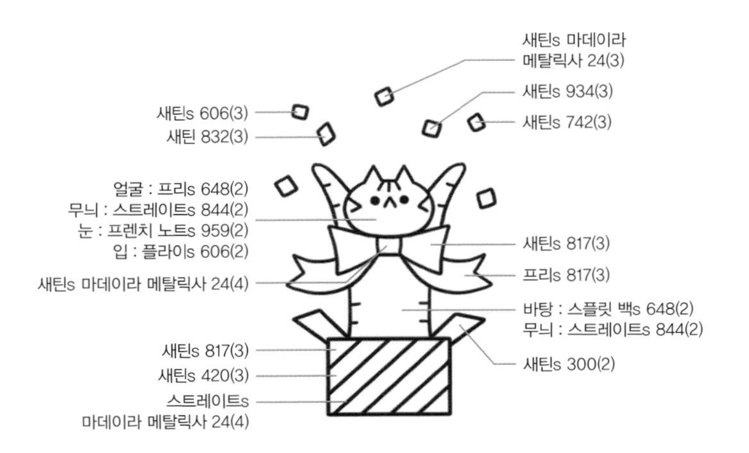
새틴s 마데이라
메탈릭사 24(3)
새틴s 934(3)
새틴s 606(3)
새틴s 742(3)
새틴 832(3)
얼굴 : 프리s 648(2)
무늬 : 스트레이트s 844(2)
눈 : 프렌치 노트s 959(2)
입 : 플라이s 606(2)
새틴s 817(3)
프리s 817(3)
새틴s 마데이라 메탈릭사 24(4)
바탕 : 스플릿 백s 648(2)
무늬 : 스트레이트s 844(2)
새틴s 817(3)
새틴s 300(2)
새틴s 420(3)
스트레이트s
마데이라 메탈릭사 24(4)

● 스티치 ●

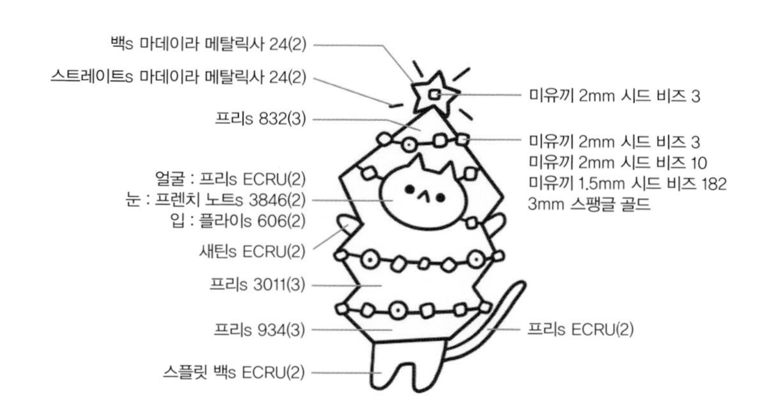

백s 마데이라 메탈릭사 24(2)
스트레이트s 마데이라 메탈릭사 24(2)
프리s 832(3)
얼굴 : 프리s ECRU(2)
눈 : 프렌치 노트s 3846(2)
입 : 플라이s 606(2)
새틴s ECRU(2)
프리s 3011(3)
프리s 934(3)
스플릿 백s ECRU(2)
미유끼 2mm 시드 비즈 3
미유끼 2mm 시드 비즈 3
미유끼 2mm 시드 비즈 10
미유끼 1.5mm 시드 비즈 182
3mm 스팽글 골드
프리s ECRU(2)

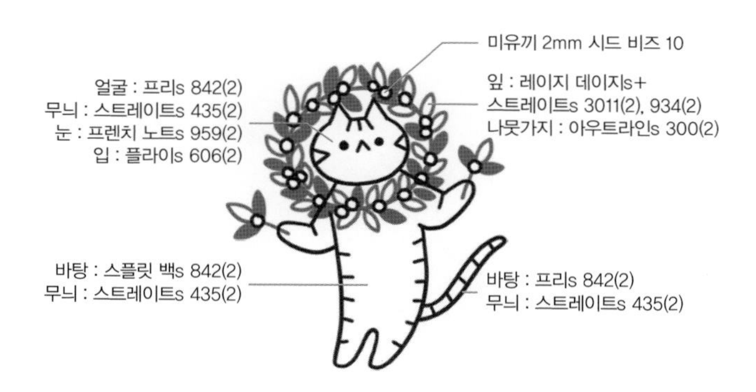

미유끼 2mm 시드 비즈 10
얼굴 : 프리s 842(2)
무늬 : 스트레이트s 435(2)
눈 : 프렌치 노트s 959(2)
입 : 플라이s 606(2)
잎 : 레이지 데이지s+
스트레이트s 3011(2), 934(2)
나뭇가지 : 아우트라인s 300(2)
바탕 : 스플릿 백s 842(2)
무늬 : 스트레이트s 435(2)
바탕 : 프리s 842(2)
무늬 : 스트레이트s 435(2)

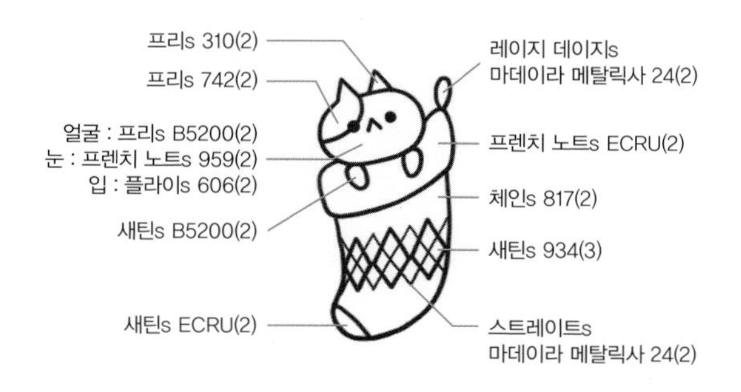

프리s 310(2)
프리s 742(2)
얼굴 : 프리s B5200(2)
눈 : 프렌치 노트s 959(2)
입 : 플라이s 606(2)
새틴s B5200(2)
새틴s ECRU(2)
레이지 데이지s
마데이라 메탈릭사 24(2)
프렌치 노트s ECRU(2)
체인s 817(2)
새틴s 934(3)
스트레이트s
마데이라 메탈릭사 24(2)

도안 설명은 스티치→실 번호→(실의 가닥 수)로 표기했습니다.
예) 새틴s 3773(2) : 3773번 실 2가닥으로 새틴 스티치를 합니다.

PART 02

동화 속 고양이 자수

Cat Embroidery

Cat Embroidery

11

백설공주와 일곱 고양이

MEOW
SNOW WHITE

MEOW

WHITE

Cat Embroidery 11

How to Make

● **사용된 실**

DMC 25번사 : B5200, ECRU, 13, 209, 310, 319, 351, 352, 356, 414, 434, 435, 437, 598, 606, 648, 742, 743, 745, 798, 817, 844, 899, 936, 938, 939, 948, 959, 3371, 3846, 3863

p.50 액자 만드는 방법(펠트지를 이용하는 경우) 참고
p.48 리본 만드는 방법 참고

● **그 외 재료**

고바야시 무지(2036), 린넨 원단(아이보리색), 하드 펠트지

● **사용된 스티치**

불리온 스티치, 블랭킷 스티치, 새틴 스티치, 스플릿 백 스티치, 스트레이트 스티치, 아웃트라인 스티치, 체인 스티치, 프렌치 노트 스티치, 프리 스티치, 플라이 스티치, 피시본 스티치

● **스티치** ●

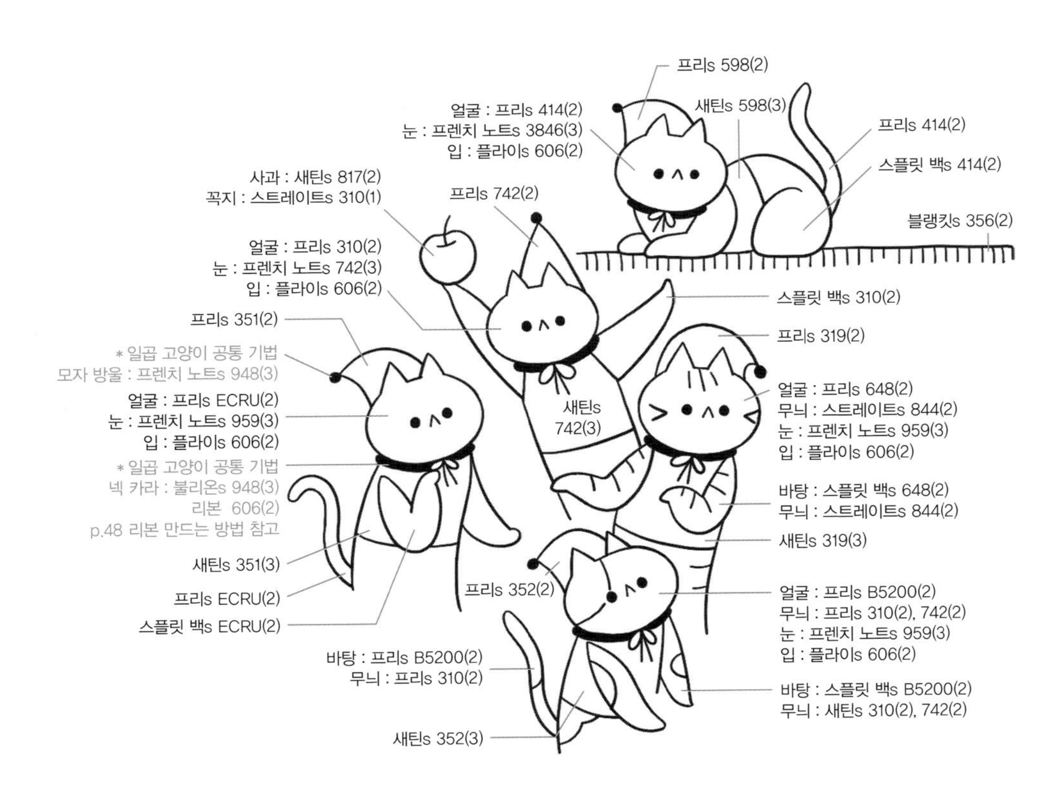
프리s 598(2)
새틴s 598(3)
얼굴 : 프리s 414(2)
눈 : 프렌치 노트s 3846(3)
입 : 플라이s 606(2)
프리s 414(2)
스플릿 백s 414(2)
사과 : 새틴s 817(2)
꼭지 : 스트레이트s 310(1)
프리s 742(2)
블랭킷s 356(2)
얼굴 : 프리s 310(2)
눈 : 프렌치 노트s 742(3)
입 : 플라이s 606(2)
스플릿 백s 310(2)
프리s 351(2)
프리s 319(2)
* 일곱 고양이 공통 기법
모자 방울 : 프렌치 노트s 948(3)
얼굴 : 프리s ECRU(2)
눈 : 프렌치 노트s 959(3)
입 : 플라이s 606(2)
새틴s
742(3)
얼굴 : 프리s 648(2)
무늬 : 스트레이트s 844(2)
눈 : 프렌치 노트s 959(3)
입 : 플라이s 606(2)
* 일곱 고양이 공통 기법
넥 카라 : 불리온s 948(3)
리본 606(2)
p.48 리본 만드는 방법 참고
바탕 : 스플릿 백s 648(2)
무늬 : 스트레이트s 844(2)
새틴s 319(3)
새틴s 351(3)
프리s ECRU(2)
스플릿 백s ECRU(2)
프리s 352(2)
얼굴 : 프리s B5200(2)
무늬 : 프리s 310(2), 742(2)
눈 : 프렌치 노트s 959(3)
입 : 플라이s 606(2)
바탕 : 프리s B5200(2)
무늬 : 프리s 310(2)
바탕 : 스플릿 백s B5200(2)
무늬 : 새틴s 310(2), 742(2)
새틴s 352(3)

● 스티치 ●

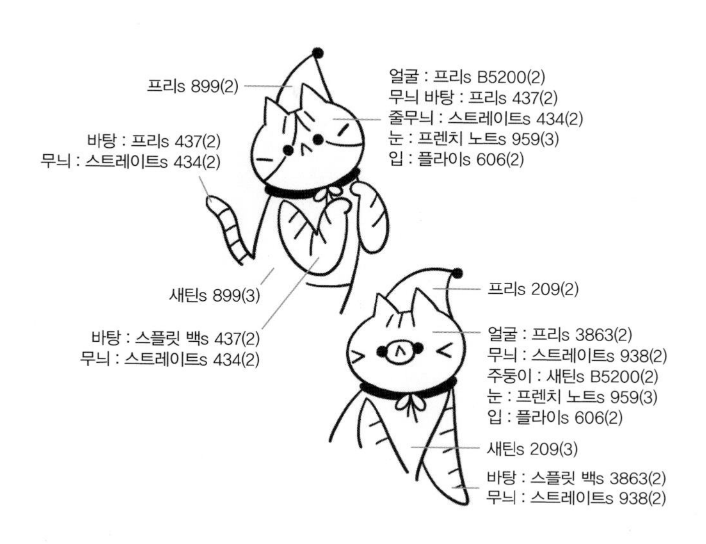

프리s 899(2)
얼굴 : 프리s B5200(2)
무늬 바탕 : 프리s 437(2)
줄무늬 : 스트레이트s 434(2)
눈 : 프렌치 노트s 959(3)
입 : 플라이s 606(2)
바탕 : 프리s 437(2)
무늬 : 스트레이트s 434(2)
새틴s 899(3)
바탕 : 스플릿 백s 437(2)
무늬 : 스트레이트s 434(2)
프리s 209(2)
얼굴 : 프리s 3863(2)
무늬 : 스트레이트s 938(2)
주둥이 : 새틴s B5200(2)
눈 : 프렌치 노트s 959(3)
입 : 플라이s 606(2)
새틴s 209(3)
바탕 : 스플릿 백s 3863(2)
무늬 : 스트레이트s 938(2)

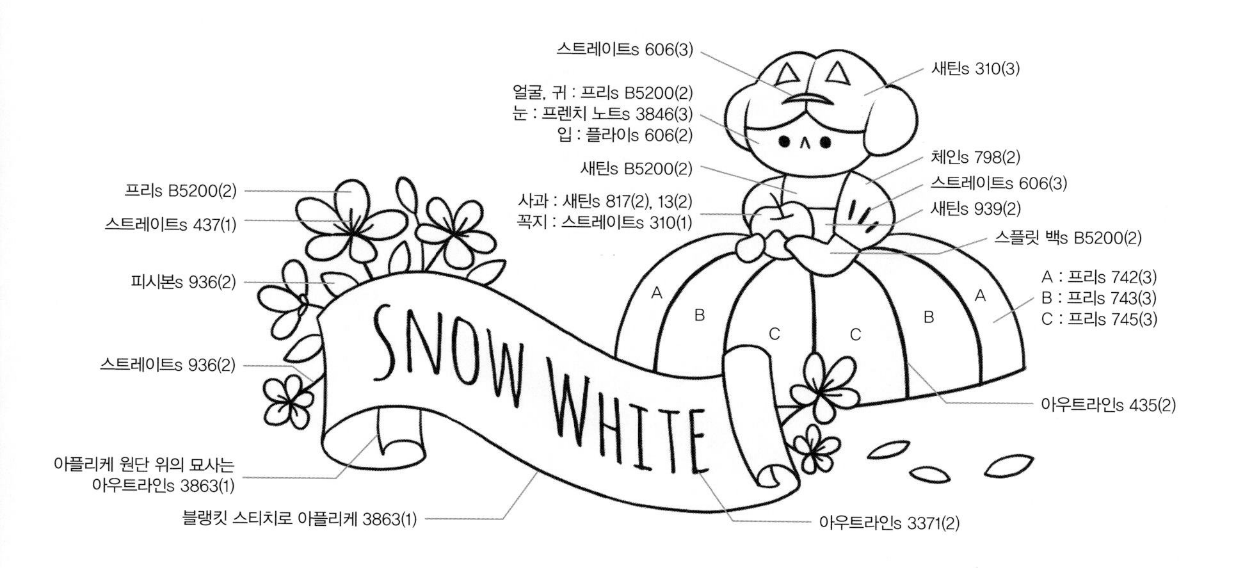

스트레이트s 606(3)
얼굴, 귀 : 프리s B5200(2)
눈 : 프렌치 노트s 3846(3)
입 : 플라이s 606(2)
새틴s B5200(2)
사과 : 새틴s 817(2), 13(2)
꼭지 : 스트레이트s 310(1)
새틴s 310(3)
체인s 798(2)
스트레이트s 606(3)
새틴s 939(2)
스플릿 백s B5200(2)
프리s B5200(2)
스트레이트s 437(1)
피시본s 936(2)
스트레이트s 936(2)
SNOW WHITE
A
B
C
C
B
A
A : 프리s 742(3)
B : 프리s 743(3)
C : 프리s 745(3)
아우트라인s 435(2)
아플리케 원단 위의 묘사는
아우트라인s 3863(1)
블랭킷 스티치로 아플리케 3863(1)
아우트라인s 3371(2)

도안 설명은 스티치→실 번호→(실의 가닥 수)로 표기했습니다.
예) 새틴s 3773(2) : 3773번 실 2가닥으로 새틴 스티치를 합니다.

MEOW
SNOW WHITE

MEOW
SNOW WHITE

Cat Embroidery

12

나쁜 고양이왕비

Cat Embroidery 12

How to Make

● 사용된 실

DMC 25번사 : ECRU, 13, 310, 606, 814, 817, 839, 911, 917, 3042, 3609, 3773, 3846
DMC 메탈릭사 : 4041
DMC 라이트이펙트사 : E677
마데이라 9842 스파클링 : 24
투명사 (비즈 자수에 이용)

● 그 외 재료

천연 염색 원단(보라색), 고바야시 무지 원단(2275), 미유끼 1.5mm 시드 비즈(182), 3mm 스팽글(투명), 하드 펠트지

● 사용된 스티치

레이지 데이지 스티치, 롱 앤드 숏트 스티치, 백 스티치, 새틴 스티치, 스트레이트 스티치, 스플릿 백 스티치, 아우트라인 스티치, 체인 스티치, 프렌치 노트 스티치, 프리 스티치, 플라이 스티치

p.50 액자 만드는 방법(펠트지를 이용하는 경우) 참고

● 도안 ●

• 스티치 •

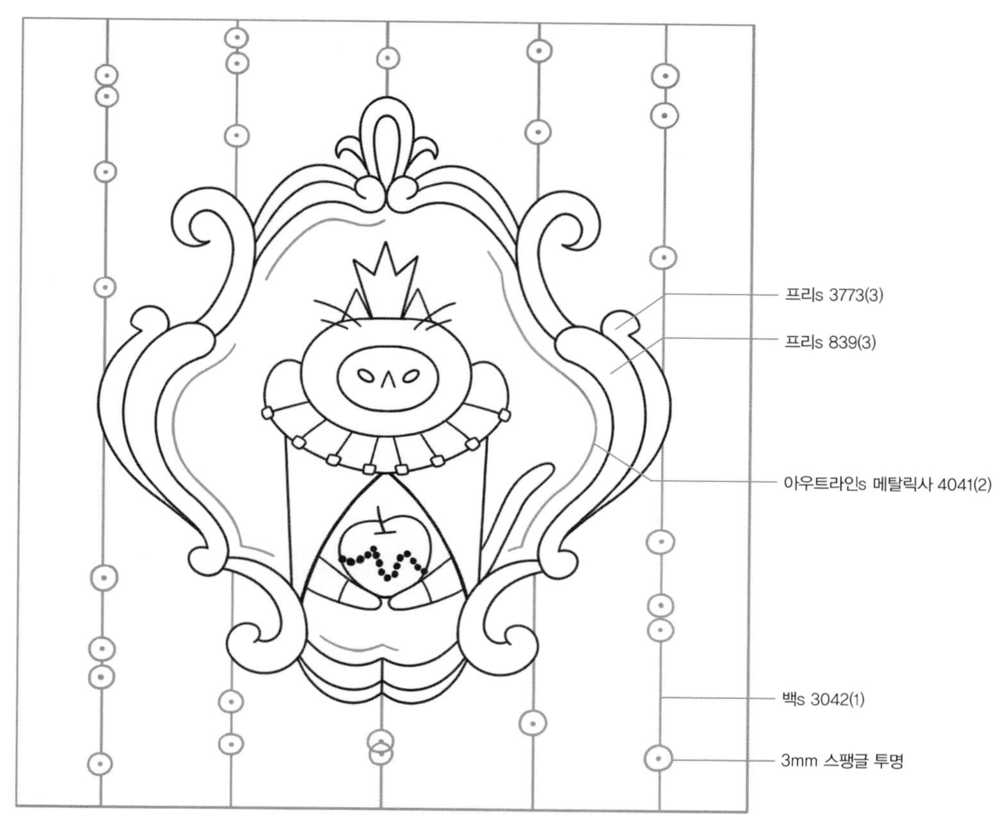

프리s 3773(3)
프리s 839(3)
아우트라인s 메탈릭사 4041(2)
백s 3042(1)
3mm 스팽글 투명

1. 아플리케 할 원단에 배경을 제외한 도안 옮깁니다.
2. 거울의 프레임 모양으로 아플리케 원단을 자릅니다.
3. 배경 원단 위에 아플리케 원단을 시침질로 고정합니다.
4. 그 위에 자수를 합니다.

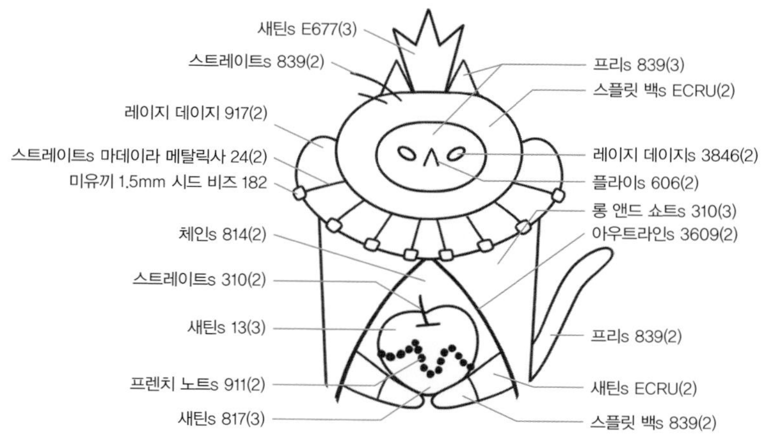

새틴s E677(3)
스트레이트s 839(2)
레이지 데이지 917(2)
스트레이트s 마데이라 메탈릭사 24(2)
미유끼 1.5mm 시드 비즈 182
체인s 814(2)
스트레이트s 310(2)
새틴s 13(3)
프렌치 노트s 911(2)
새틴s 817(3)
프리s 839(3)
스플릿 백s ECRU(2)
레이지 데이지s 3846(2)
플라이s 606(2)
롱 앤드 쇼트s 310(3)
아우트라인s 3609(2)
프리s 839(2)
새틴s ECRU(2)
스플릿 백s 839(2)

도안 설명은 스티치→실 번호→(실의 가닥 수)로 표기했습니다.
예) 새틴s 3773(2) : 3773번 실 2가닥으로 새틴 스티치를 합니다.

Cat Embroidery

13

고양이 걸리버

ULLIVER'S
TRAVELS
1912

Cat Embroidery 13

How to Make

● **사용된 실**

DMC 25번사 : B5200, 310, 356, 434, 436, 543, 606, 712, 838, 839, 934, 935, 959, 3371, 3777

DMC 메탈릭사 : 4041

● **그 외 재료**

17수 천연 염색 원단(청녹색), 고바야시 무지(2054), 린넨 원단(아이보리색), 하드 펠트지

● **사용된 스티치**

러닝 스티치, 레이지 데이지 스티치, 링 스티치, 블랭킷 스티치, 새틴 스티치, 스트레이트 스티치, 스플릿 백 스티치, 아우트라인 스티치, 체인 스티치, 카우칭 스티치, 프렌치 노트 스티치, 프리 스티치, 플라이 스티치, 피스틸 스티치, 휠 스티치

p.50 액자 만드는 방법(펠트지를 이용하는 경우) 참고

ULLIVER'S
TRAVELS

GULLIVER'S
TRAVELS

GULLIVER'S
TRAVELS

● 스티치 ●

프렌치 노트s 3777(2)
플라이 3371(2)
GULLIVER'S
TRAVELS
레이지 데이지s 839(3)
원단의 4면을 안쪽으로 접어 공그르기로 아플리케

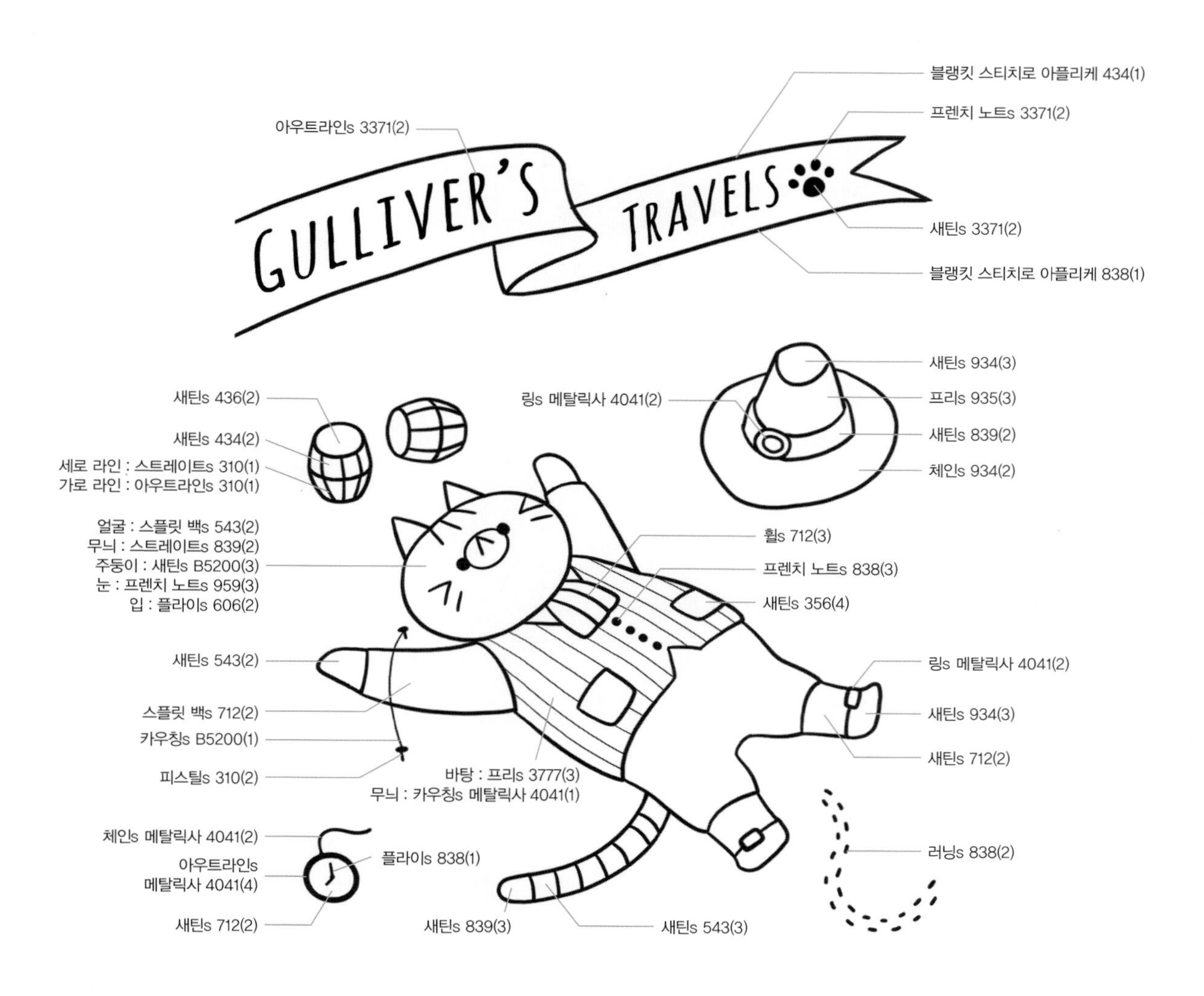
GULLIVER'S TRAVELS
아우트라인s 3371(2)
블랭킷 스티치로 아플리케 434(1)
프렌치 노트s 3371(2)
새틴s 3371(2)
블랭킷 스티치로 아플리케 838(1)
새틴s 436(2)
새틴s 434(2)
세로 라인 : 스트레이트s 310(1)
가로 라인 : 아우트라인s 310(1)
링s 메탈릭사 4041(2)
새틴s 934(3)
프리s 935(3)
새틴s 839(2)
체인s 934(2)
얼굴 : 스플릿 백s 543(2)
무늬 : 스트레이트s 839(2)
주둥이 : 새틴s B5200(3)
눈 : 프렌치 노트s 959(3)
입 : 플라이s 606(2)
휠s 712(3)
프렌치 노트s 838(3)
새틴s 356(4)
새틴s 543(2)
스플릿 백s 712(2)
카우칭s B5200(1)
피스틸s 310(2)
바탕 : 프리s 3777(3)
무늬 : 카우칭s 메탈릭사 4041(1)
링s 메탈릭사 4041(2)
새틴s 934(3)
새틴s 712(2)
체인s 메탈릭사 4041(2)
플라이s 838(1)
아우트라인s
메탈릭사 4041(4)
새틴s 712(2)
새틴s 839(3)
새틴s 543(3)
러닝s 838(2)

도안 설명은 스티치→실 번호→(실의 가닥 수)로 표기했습니다.
예) 새틴s 3773(2) : 3773번 실 2가닥으로 새틴 스티치를 합니다.

Cat Embroidery
14
이상한 나라의
고양이

Cat Embroidery 14

How to Make

사용된 실

DMC 25번사 : B5200, 05, 07, 225, 310, 433, 437, 606, 666, 791, 924, 959, 3810, 3824, 3837, 3846, 3890
DMC 라이트이펙트사 : E436
마데이라 9842 스파클링 : 24

그 외 재료

코튼 원단(검은색), 고바야시 무지(2249), 하드 펠트지, 3mm O링(골드)

사용된 스티치

롱 앤드 쇼트 스티치, 백 스티치, 새틴 스티치, 스미르나 스티치, 스트레이트 스티치, 스플릿 백 스티치, 아우트라인 스티치, 체인 스티치, 프렌치 노트 스티치, 프리 스티치, 플라이 스티치

p.50 액자 만드는 방법(펠트지를 이용하는 경우) 참고

● 도안 ●

● 스티치 ●

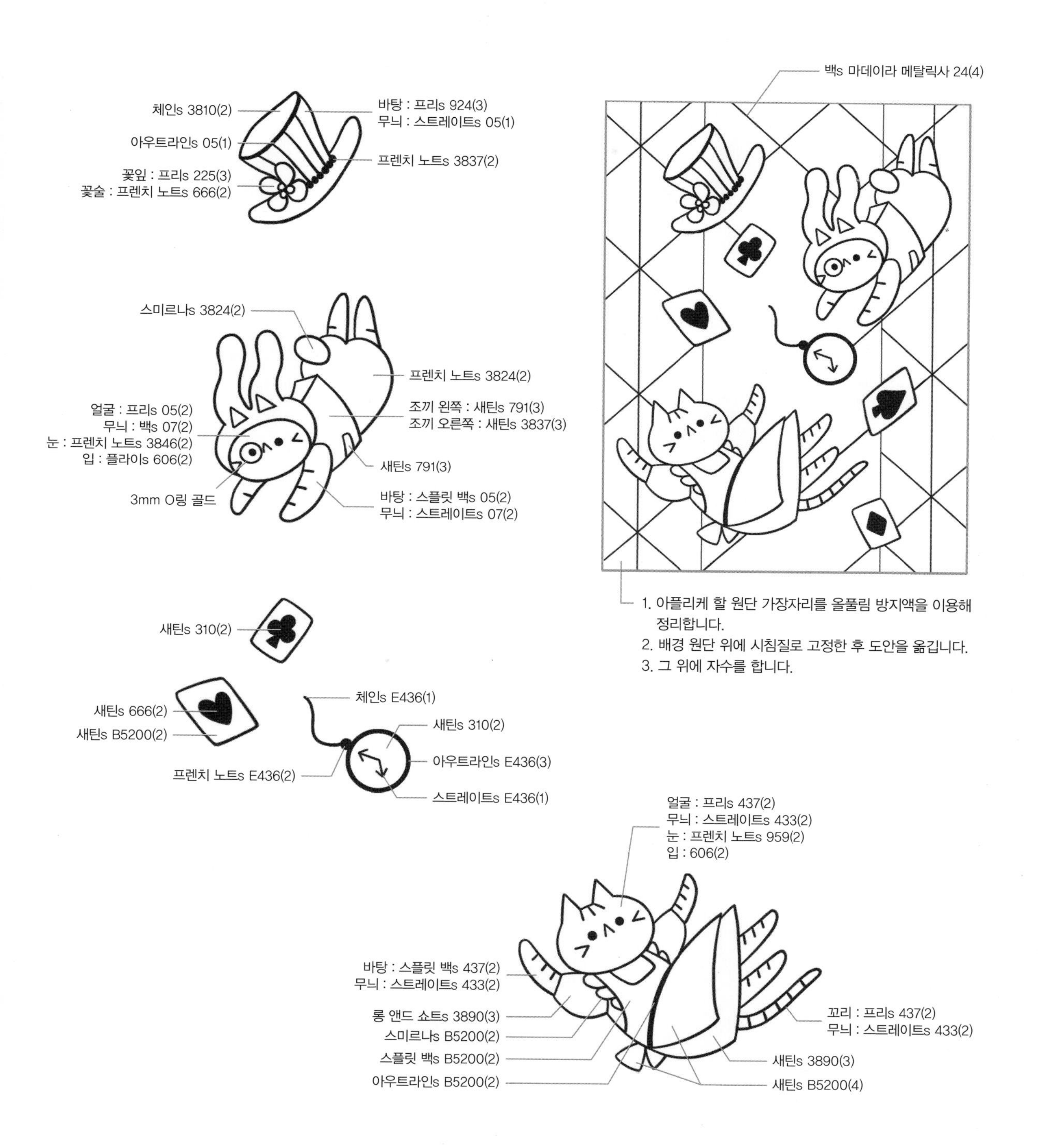

체인s 3810(2)
바탕 : 프리s 924(3)
무늬 : 스트레이트s 05(1)
아우트라인s 05(1)
프렌치 노트s 3837(2)
꽃잎 : 프리s 225(3)
꽃술 : 프렌치 노트s 666(2)
백s 마데이라 메탈릭사 24(4)
스미르나s 3824(2)
프렌치 노트s 3824(2)
조끼 왼쪽 : 새틴s 791(3)
조끼 오른쪽 : 새틴s 3837(3)
얼굴 : 프리s 05(2)
무늬 : 백s 07(2)
눈 : 프렌치 노트s 3846(2)
입 : 플라이s 606(2)
새틴s 791(3)
3mm O링 골드
바탕 : 스플릿 백s 05(2)
무늬 : 스트레이트s 07(2)
새틴s 310(2)
체인s E436(1)
새틴s 666(2)
새틴s B5200(2)
새틴s 310(2)
아우트라인s E436(3)
프렌치 노트s E436(2)
스트레이트s E436(1)

1. 아플리케 할 원단 가장자리를 올풀림 방지액을 이용해 정리합니다.
2. 배경 원단 위에 시침질로 고정한 후 도안을 옮깁니다.
3. 그 위에 자수를 합니다.

얼굴 : 프리s 437(2)
무늬 : 스트레이트s 433(2)
눈 : 프렌치 노트s 959(2)
입 : 606(2)
바탕 : 스플릿 백s 437(2)
무늬 : 스트레이트s 433(2)
롱 앤드 쇼트s 3890(3)
스미르나s B5200(2)
스플릿 백s B5200(2)
아우트라인s B5200(2)
꼬리 : 프리s 437(2)
무늬 : 스트레이트s 433(2)
새틴s 3890(3)
새틴s B5200(4)

도안 설명은 스티치→실 번호→(실의 가닥 수)로 표기했습니다.
예) 새틴s 3773(2) : 3773번 실 2가닥으로 새틴 스티치를 합니다.

Cat Embroidery

15

고양이퀸 카드

Cat Embroidery 15

How to Make

사용된 실

DMC 25번사 : B5200, 310, 742, 778, 814, 817, 3846

그 외 재료

코튼 원단(흰색), 하드 펠트지

p.50 액자 만드는 방법(펠트지를 이용하는 경우) 참고

사용된 스티치

번들 스티치, 새틴 스티치, 스레디드 백 스티치, 스트레이트 스티치, 아우트라인 스티치, 체인 스티치, 크로스 스티치, 프렌치 노트 스티치, 프리 스티치, 플라이 스티치

Q
Q

도안

Q
Q

스티치

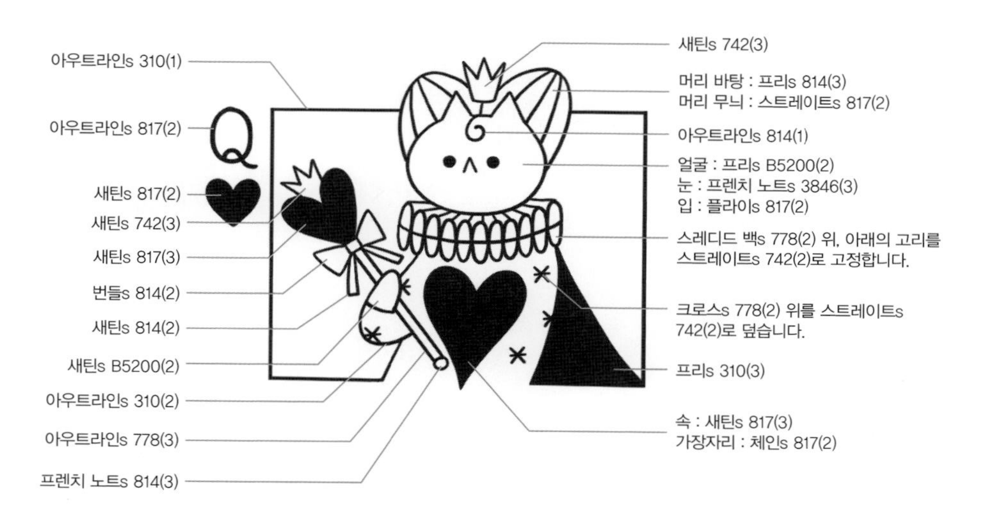

아우트라인s 310(1)
아우트라인s 817(2)
새틴s 817(2)
새틴s 742(3)
새틴s 817(3)
번들s 814(2)
새틴s 814(2)
새틴s B5200(2)
아우트라인s 310(2)
아우트라인s 778(3)
프렌치 노트s 814(3)
새틴s 742(3)
머리 바탕 : 프리s 814(3)
머리 무늬 : 스트레이트s 817(2)
아우트라인s 814(1)
얼굴 : 프리s B5200(2)
눈 : 프렌치 노트s 3846(3)
입 : 플라이s 817(2)
스레디드 백s 778(2) 위, 아래의 고리를
스트레이트s 742(2)로 고정합니다.
크로스s 778(2) 위를 스트레이트s
742(2)로 덮습니다.
프리s 310(3)
속 : 새틴s 817(3)
가장자리 : 체인s 817(2)
Q

도안 설명은 스티치→실 번호→(실의 가닥 수)로 표기했습니다.
예) 새틴s 3773(2) : 3773번 실 2가닥으로 새틴 스티치를 합니다.

PETER PAN

Cat Embroidery

16

피터팬은 고양이

Cat Embroidery 16

How to Make

● 사용된 실

DMC 25번사 : ECRU, 01, 04, 10, 24, 300, 318, 437, 554, 606, 742, 747, 838, 905, 907, 959, 3708, 3713, 3837, 3846, 3863
마데이라 9842 스파클링 : 24
투명사 (비즈 자수에 이용)

● 그 외 재료

코튼 원단(남색), 미유끼 2mm 시드 비즈(3), 3mm 블랙 매트 O링, 하드 펠트지

● 사용된 스티치

레이지 데이지 스티치, 롱 앤드 쇼트 스티치, 백 스티치, 번들 스티치, 새틴 스티치, 스플릿 백 스티치, 스트레이트 스티치, 아우트라인 스티치, 체인 스티치, 크로스 스티치, 프렌치 노트 스티치, 프리 스티치, 플라이 스티치

p.50 액자 만드는 방법(펠트지를 이용하는 경우) 참고

PETER PAN

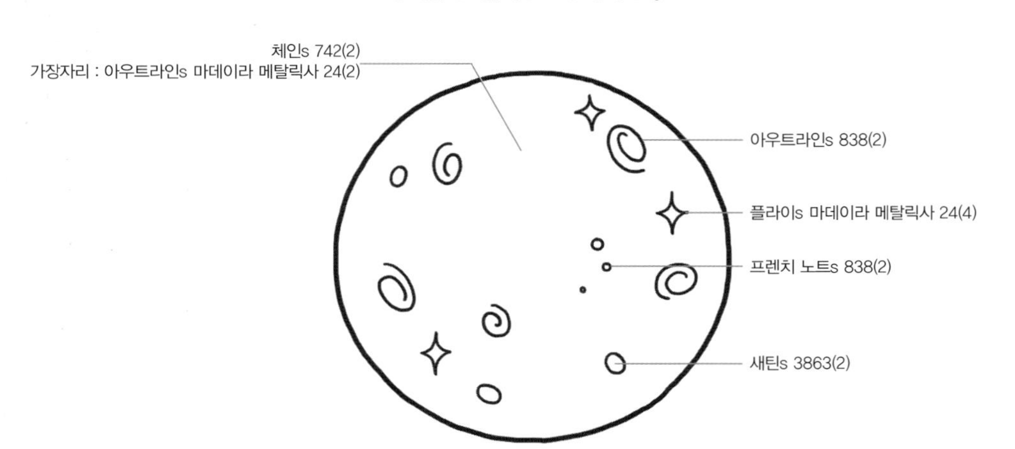
PETER PAN
아우트라인s 마데이라 메탈릭사 24(2)
체인s 742(2)
가장자리 : 아우트라인s 마데이라 메탈릭사 24(2)
아우트라인s 838(2)
플라이s 마데이라 메탈릭사 24(4)
프렌치 노트s 838(2)
새틴s 3863(2)

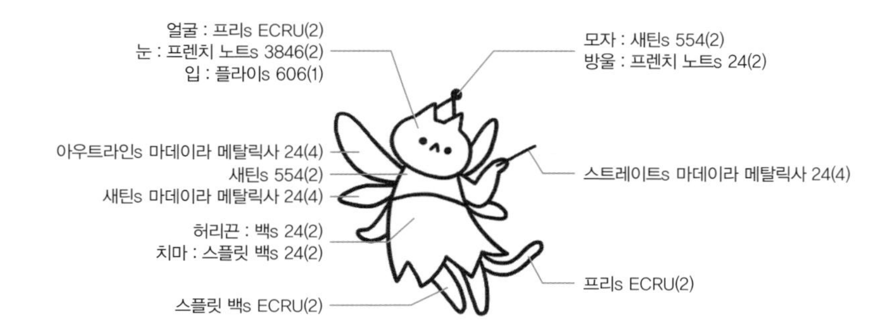
얼굴 : 프리s ECRU(2)
눈 : 프렌치 노트s 3846(2)
입 : 플라이s 606(1)
모자 : 새틴s 554(2)
방울 : 프렌치 노트s 24(2)
아우트라인s 마데이라 메탈릭사 24(4)
새틴s 554(2)
새틴s 마데이라 메탈릭사 24(4)
스트레이트s 마데이라 메탈릭사 24(4)
허리끈 : 백s 24(2)
치마 : 스플릿 백s 24(2)
프리s ECRU(2)
스플릿 백s ECRU(2)

새틴s 905(3)
새틴s 606(2)
얼굴 : 프리s 437(2)
무늬 : 스트레이트s 300(2)
눈 : 프렌치 노트s 959(2)
입 : 플라이s 606(2)
줄 : 플라이s 838(1)
도토리 : 레이지 데이지s+
스트레이트s 300(2)
새틴s 905(3)
프리s 907(3)
스플릿 백s 437(2)
꼬리 : 프리s 437(2)
무늬 : 스트레이트s 300(2)

● 스티치 ●

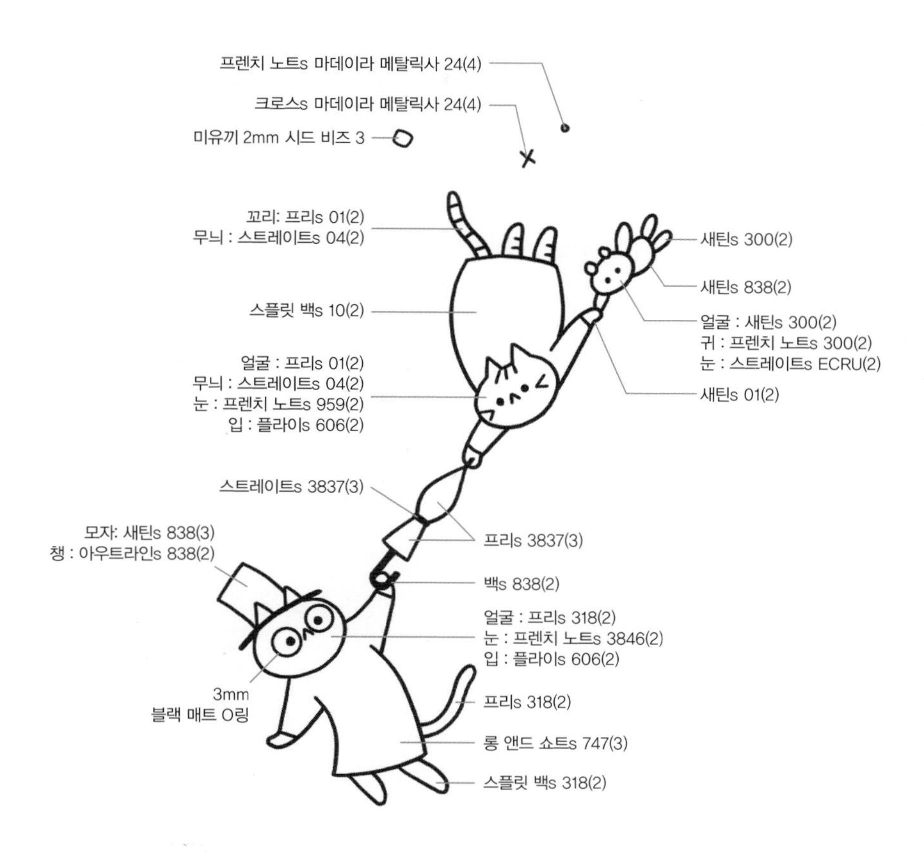

프렌치 노트s 마데이라 메탈릭사 24(4)
크로스s 마데이라 메탈릭사 24(4)
미유끼 2mm 시드 비즈 3
꼬리: 프리s 01(2)
무늬 : 스트레이트s 04(2)
스플릿 백s 10(2)
얼굴 : 프리s 01(2)
무늬 : 스트레이트s 04(2)
눈 : 프렌치 노트s 959(2)
입 : 플라이s 606(2)
새틴s 300(2)
새틴s 838(2)
얼굴 : 새틴s 300(2)
귀 : 프렌치 노트s 300(2)
눈 : 스트레이트s ECRU(2)
새틴s 01(2)
스트레이트s 3837(3)
프리s 3837(3)
모자: 새틴s 838(3)
챙 : 아우트라인s 838(2)
백s 838(2)
얼굴 : 프리s 318(2)
눈 : 프렌치 노트s 3846(2)
입 : 플라이s 606(2)
3mm
블랙 매트 O링
프리s 318(2)
롱 앤드 쇼트s 747(3)
스플릿 백s 318(2)

얼굴 : 프리s ECRU(2)
얼굴 속, 귀 : 프리s 3863(2)
눈 : 프렌치 노트s 3846(2)
입 : 플라이s 606(2)
새틴s 3708(3)
손 : 새틴s 3863(2)
팔 : 새틴s ECRU(2)
번들s 3708(2)
새틴s 3713(3)
체인s 3713(2)
프리s 3863(2)

※도안 별지

도안 설명은 스티치→실 번호→(실의 가닥 수)로 표기했습니다.
예) 새틴s 3773(2) : 3773번 실 2가닥으로 새틴 스티치를 합니다.

LITTLE
RED
RIDING
HOOD

Cat Embroidery

17

빨간 모자를 쓴 고양이

Cat Embroidery 17

How to Make

● **사용된 실**

DMC 25번사 : B5200, 19, 300, 310, 349, 352, 606, 647, 712, 742, 814, 934, 945, 959, 976, 3072, 3371, 3773, 3778, 3862

● **그 외 재료**

원단 미상(바나나색), 리브레 워싱 린넨 원단(샌달우드), 하드 펠트지

● **사용된 스티치**

러닝 스티치, 레이지 데이지 스티치, 롱 앤드 쇼트 스티치, 백 스티치, 블랭킷 스티치, 새틴 스티치, 스플릿 백 스티치, 스트레이트 스티치, 아우트라인 스티치, 체인 스티치, 프렌치 노트 스티치, 프리 스티치, 플라이 스티치

p.50 액자 만드는 방법(펠트지를 이용하는 경우) 참고
p.48 리본 만드는 방법 참고

LITTLE
RED
RIDING
HOOD

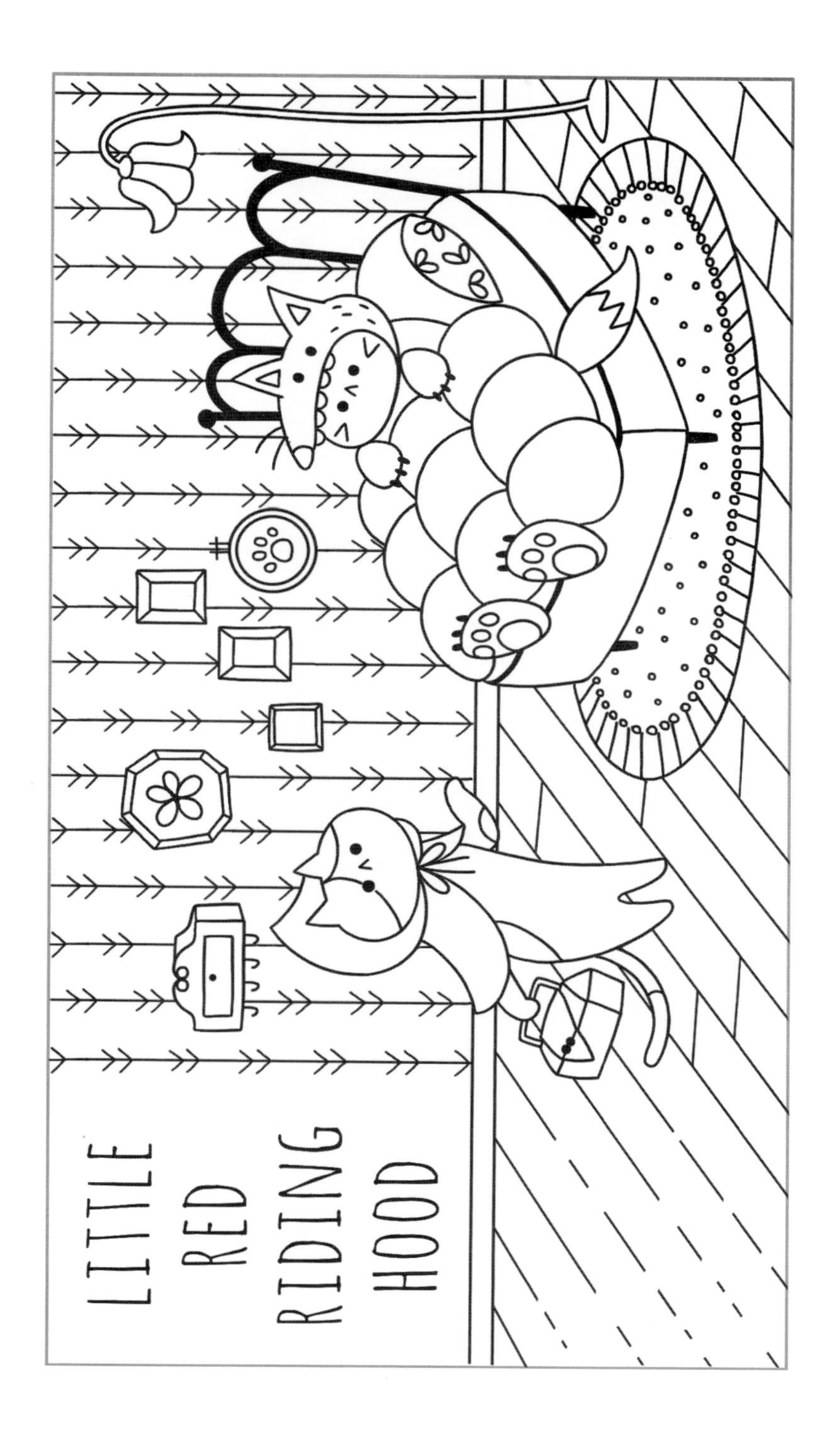
LITTLE
RED
RIDING
HOOD

• 스티치 •

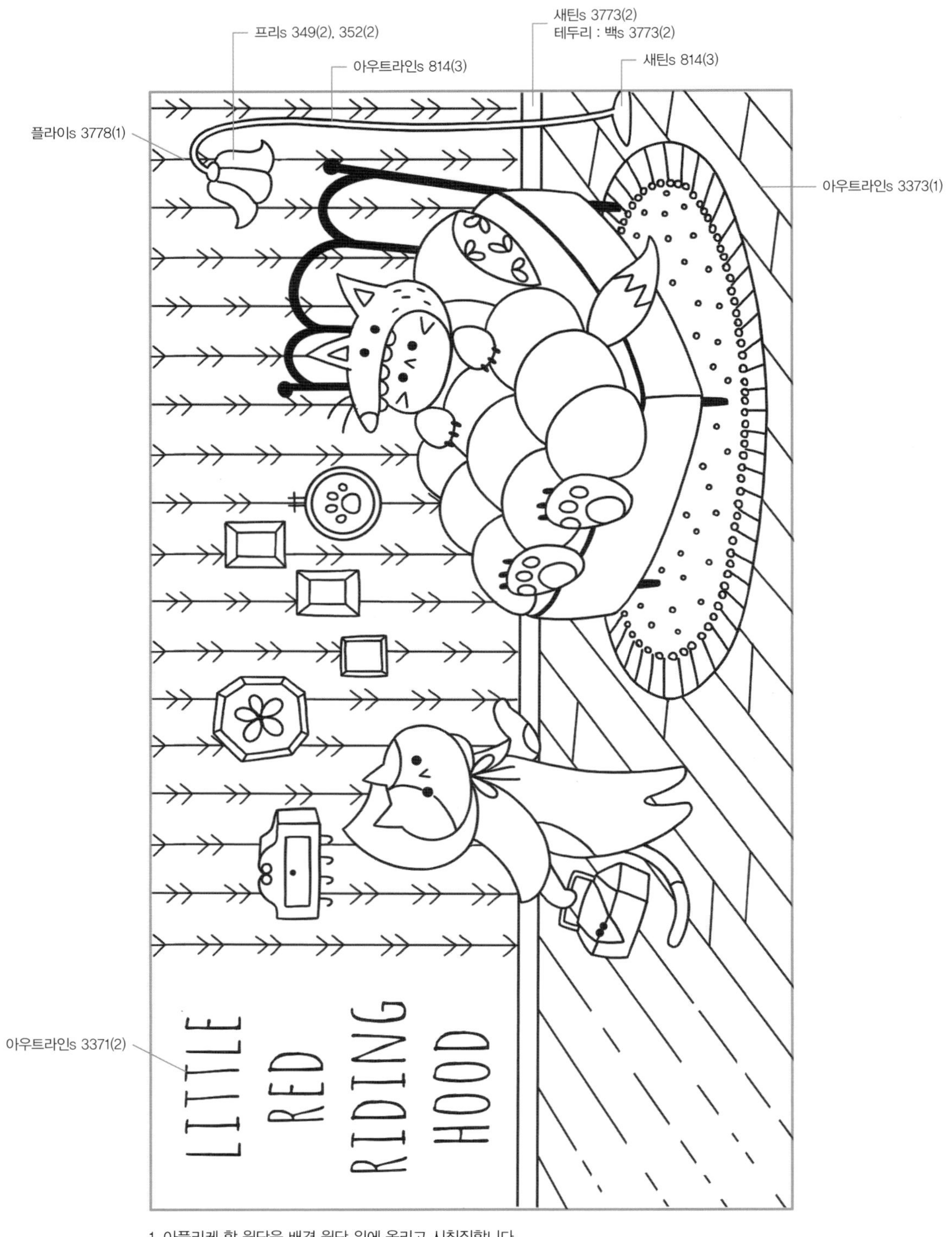

프리s 349(2), 352(2)
새틴s 3773(2)
테두리 : 백s 3773(2)
아우트라인s 814(3)
새틴s 814(3)
플라이s 3778(1)
아우트라인s 3373(1)
아우트라인s 3371(2)
LITTLE
RED
RIDING
HOOD

1. 아플리케 할 원단을 배경 원단 위에 올리고 시침질합니다.
2. 그 위에 도안을 옮기고 자수합니다.

● 스티치 ●

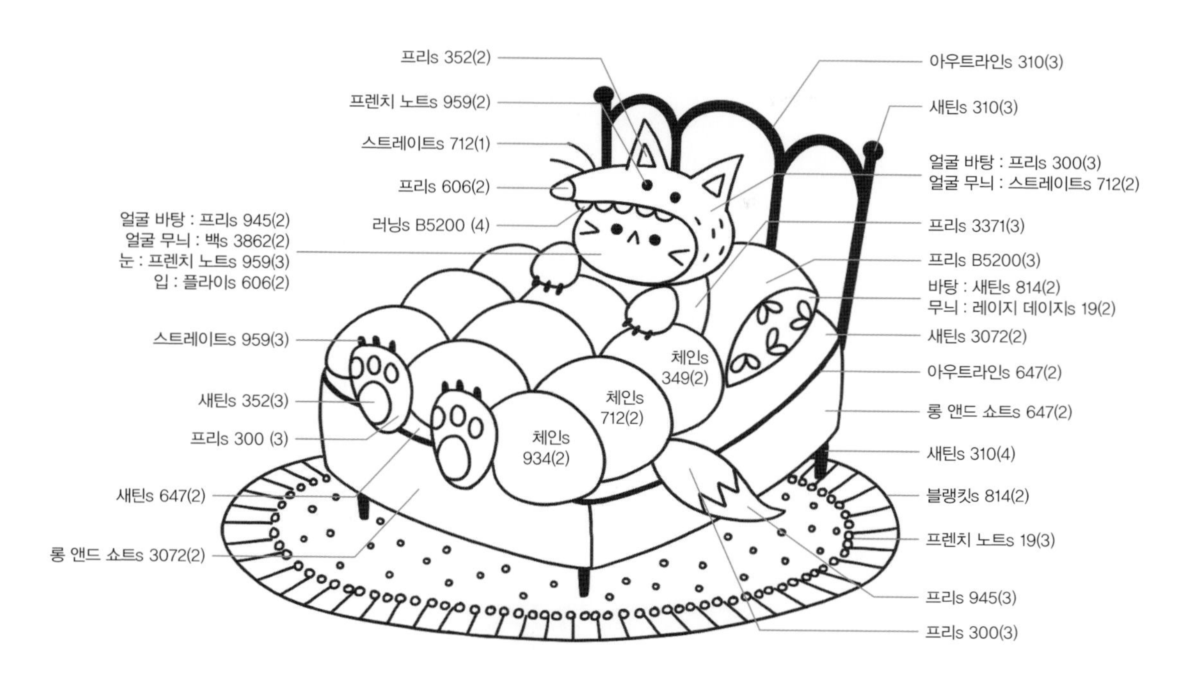

프리s 352(2)
프렌치 노트s 959(2)
스트레이트s 712(1)
프리s 606(2)
러닝s B5200 (4)
얼굴 바탕 : 프리s 945(2)
얼굴 무늬 : 백s 3862(2)
눈 : 프렌치 노트s 959(3)
입 : 플라이s 606(2)
스트레이트s 959(3)
새틴s 352(3)
프리s 300 (3)
새틴s 647(2)
롱 앤드 쇼트s 3072(2)
체인s 349(2)
체인s 712(2)
체인s 934(2)
아웃트라인s 310(3)
새틴s 310(3)
얼굴 바탕 : 프리s 300(3)
얼굴 무늬 : 스트레이트s 712(2)
프리s 3371(3)
프리s B5200(3)
바탕 : 새틴s 814(2)
무늬 : 레이지 데이지s 19(2)
새틴s 3072(2)
아웃트라인s 647(2)
롱 앤드 쇼트s 647(2)
새틴s 310(4)
블랭킷s 814(2)
프렌치 노트s 19(3)
프리s 945(3)
프리s 300(3)

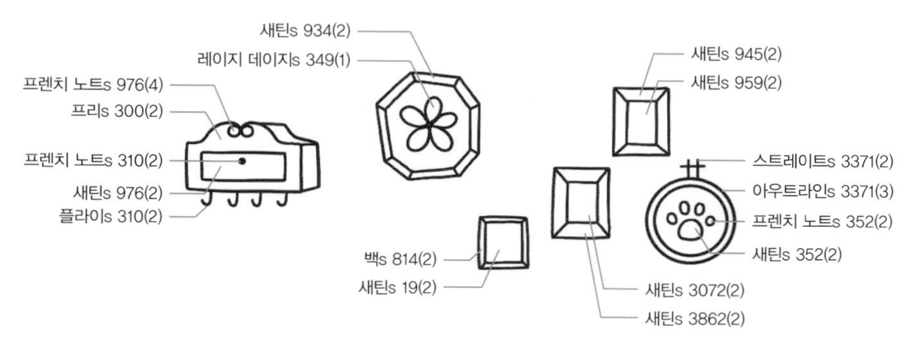

새틴s 934(2)
레이지 데이지s 349(1)
프렌치 노트s 976(4)
프리s 300(2)
프렌치 노트s 310(2)
새틴s 976(2)
플라이s 310(2)
새틴s 945(2)
새틴s 959(2)
스트레이트s 3371(2)
아웃트라인s 3371(3)
프렌치 노트s 352(2)
새틴s 352(2)
백s 814(2)
새틴s 19(2)
새틴s 3072(2)
새틴s 3862(2)

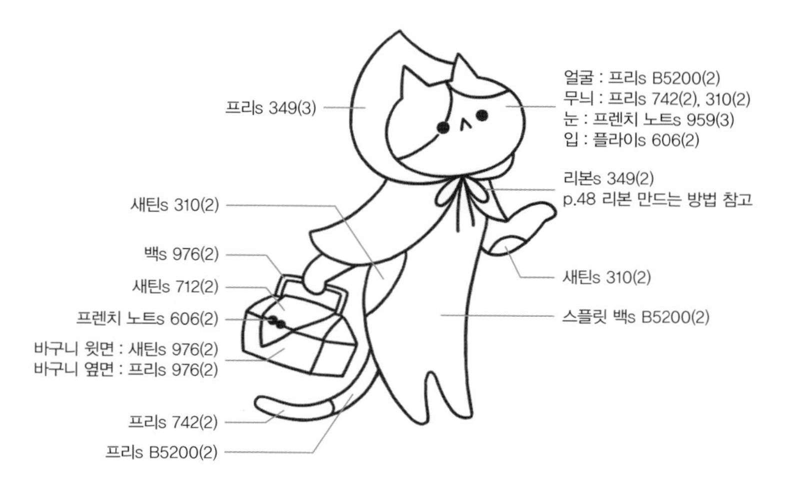

프리s 349(3)
얼굴 : 프리s B5200(2)
무늬 : 프리s 742(2), 310(2)
눈 : 프렌치 노트s 959(3)
입 : 플라이s 606(2)
리본s 349(2)
p.48 리본 만드는 방법 참고
새틴s 310(2)
백s 976(2)
새틴s 712(2)
프렌치 노트s 606(2)
바구니 윗면 : 새틴s 976(2)
바구니 옆면 : 프리s 976(2)
프리s 742(2)
프리s B5200(2)
새틴s 310(2)
스플릿 백s B5200(2)

도안 설명은 스티치→실 번호→(실의 가닥 수)로
표기했습니다.
예) 새틴s 3773(2) : 3773번 실 2가닥으로
새틴 스티치를 합니다.

Cat Embroidery
18
장화 신은 고양이

PUSS IN BOOTS

Cat Embroidery 18

How to Make

● **사용된 실**

DMC 25번사 : B5200, ECRU, 310, 434, 437, 444, 606, 648, 869, 938, 959, 3371, 3777, 3860
DMC 메탈릭사 : 4041

p.48 리본 만드는 방법 참고

● **그 외 재료**

코튼 원단(아이보리색)

● **사용된 스티치**

백 스티치, 새틴 스티치, 스트레이트 스티치, 스플릿 백 스티치, 아우트라인 스티치, 프렌치 노트 스티치, 프리 스티치, 플라이 스티치

● **도안** ●

PUSS IN BOOTS

• 스티치 •

PUSS IN BOOTS
아우트라인s 869(2)
아우트라인s 310(2)
백s 869(2)
스트레이트s 869(2)
아우트라인s 869(2)
백s 869(2)
스트레이트s 869(1)

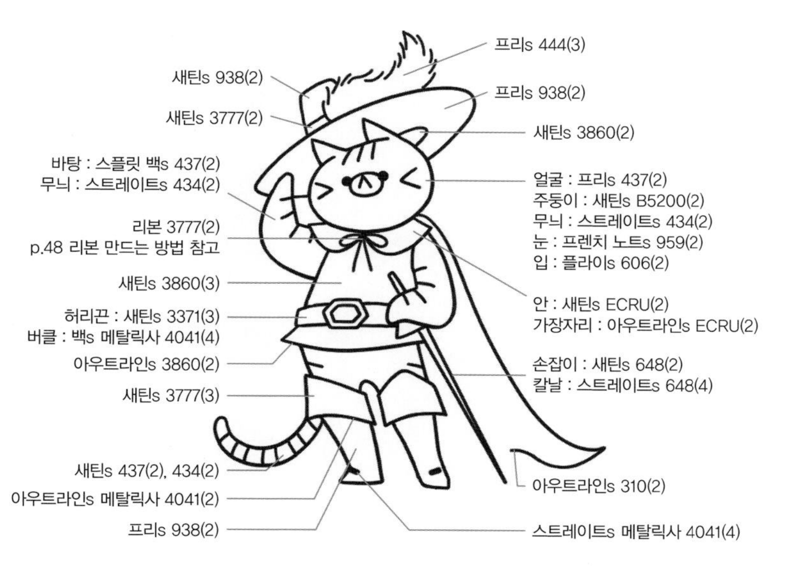

새틴s 938(2)
새틴s 3777(2)
바탕 : 스플릿 백s 437(2)
무늬 : 스트레이트s 434(2)
리본 3777(2)
p.48 리본 만드는 방법 참고
새틴s 3860(3)
허리끈 : 새틴s 3371(3)
버클 : 백s 메탈릭사 4041(4)
아우트라인s 3860(2)
새틴s 3777(3)
새틴s 437(2), 434(2)
아우트라인s 메탈릭사 4041(2)
프리s 938(2)
프리s 444(3)
프리s 938(2)
새틴s 3860(2)
얼굴 : 프리s 437(2)
주둥이 : 새틴s B5200(2)
무늬 : 스트레이트s 434(2)
눈 : 프렌치 노트s 959(2)
입 : 플라이s 606(2)
안 : 새틴s ECRU(2)
가장자리 : 아우트라인s ECRU(2)
손잡이 : 새틴s 648(2)
칼날 : 스트레이트s 648(4)
아우트라인s 310(2)
스트레이트s 메탈릭사 4041(4)

도안 설명은 스티치→실 번호→(실의 가닥 수)로 표기했습니다.
예) 새틴s 3773(2) : 3773번 실 2가닥으로 새틴 스티치를 합니다.

Cat Embroidery
19
라푼젤냥

Cat Embroidery 19

How to Make

● 사용된 실

DMC 25번사 : ECRU, 22, 90, 310, 500, 606, 814, 839, 841, 842, 924, 959, 967, 3053, 3340, 3787, 3857
애플톤 울사 : 205, 227, 585, 725, 993
투명사 (비즈 자수에 이용)

● 그 외 재료

17수 천연 염색 원단(살구색), 리브레 워싱 린넨 원단(샌달우드), 미유끼 2mm 시드 비즈(3), 미유끼 2mm 시드 비즈(23), 2mm 스팽글(로즈골드), 하드 펠트지

● 사용된 스티치

레이지 데이지 스티치, 백 스티치, 블랭킷 스티치, 새틴 스티치, 스트레이트 스티치, 스플릿 백 스티치, 아웃트라인 스티치, 체인 스티치, 크로스 스티치, 프렌치 노트 스티치, 프리 스티치, 플라이 스티치, 피시본 스티치

p.50 액자 만드는 방법(펠트지를 이용하는 경우) 참고

● 스티치 ●

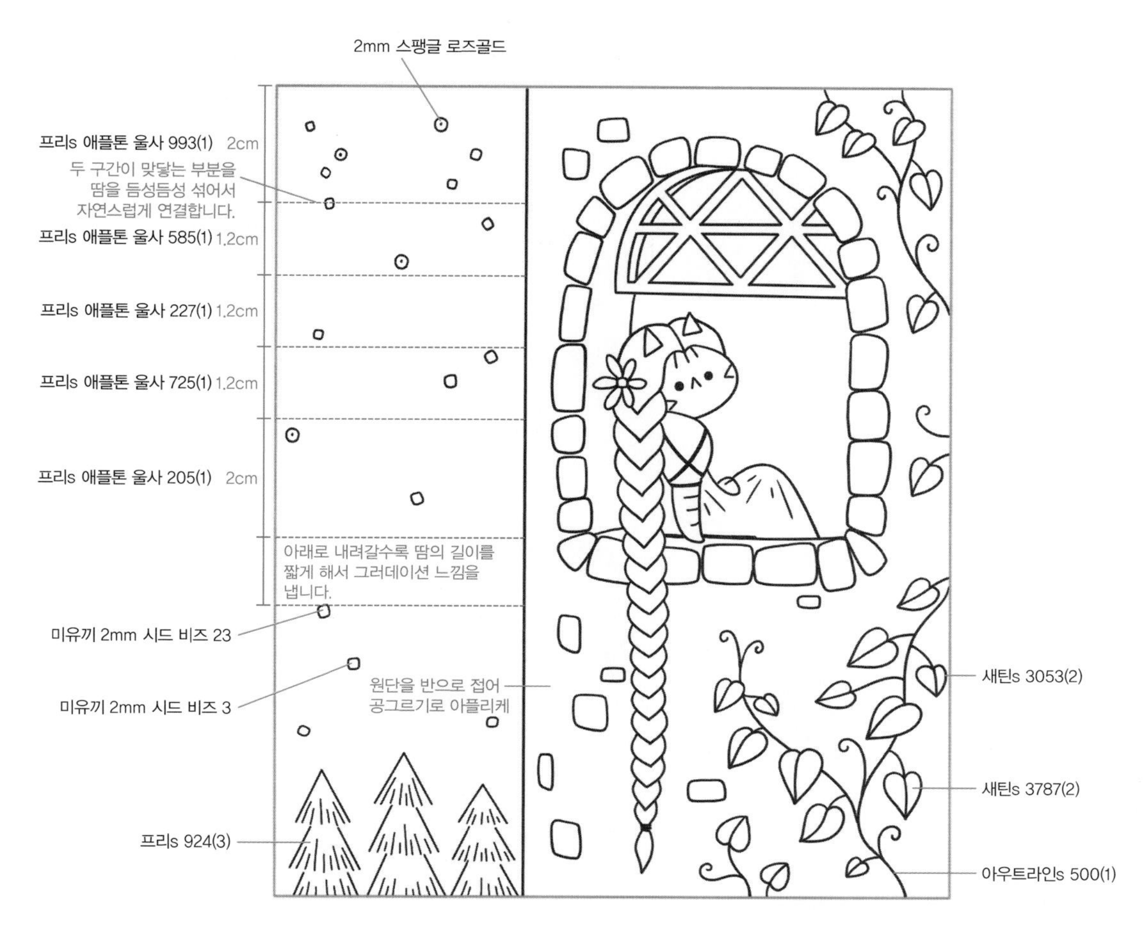

2mm 스팽글 로즈골드
프리s 애플톤 울사 993(1) 2cm
두 구간이 맞닿는 부분을
땀을 듬성듬성 섞어서
자연스럽게 연결합니다.
프리s 애플톤 울사 585(1) 1.2cm
프리s 애플톤 울사 227(1) 1.2cm
프리s 애플톤 울사 725(1) 1.2cm
프리s 애플톤 울사 205(1) 2cm
아래로 내려갈수록 땀의 길이를
짧게 해서 그러데이션 느낌을
냅니다.
미유끼 2mm 시드 비즈 23
미유끼 2mm 시드 비즈 3
원단을 반으로 접어
공그르기로 아플리케
프리s 924(3)
새틴s 3053(2)
새틴s 3787(2)
아웃트라인s 500(1)

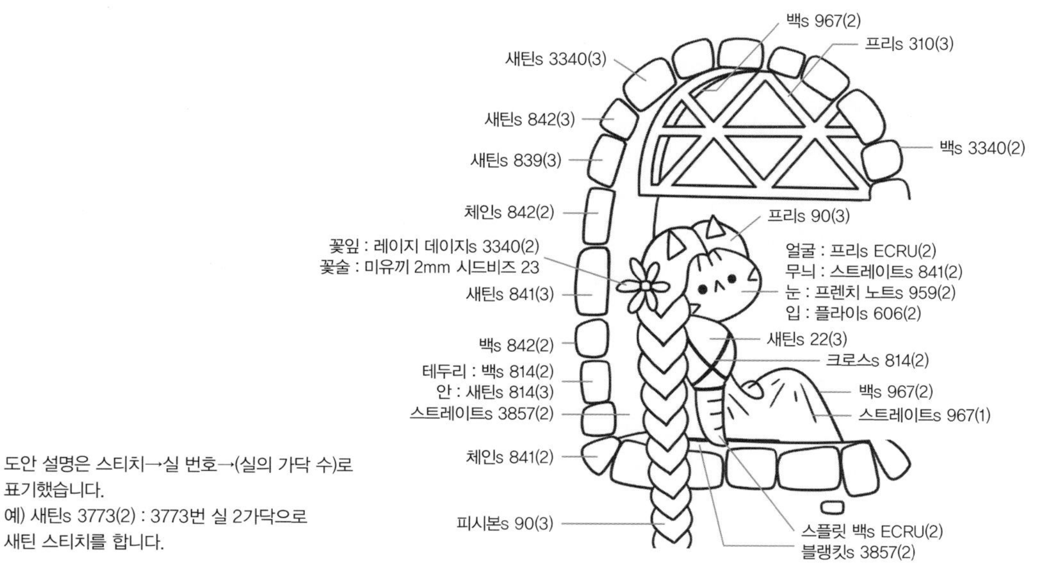

백s 967(2)
프리s 310(3)
새틴s 3340(3)
새틴s 842(3)
백s 3340(2)
새틴s 839(3)
체인s 842(2)
프리s 90(3)
꽃잎 : 레이지 데이지s 3340(2)
꽃술 : 미유끼 2mm 시드비즈 23
얼굴 : 프리s ECRU(2)
무늬 : 스트레이트s 841(2)
새틴s 841(3)
눈 : 프렌치 노트s 959(2)
입 : 플라이s 606(2)
새틴s 22(3)
백s 842(2)
크로스s 814(2)
테두리 : 백s 814(2)
안 : 새틴s 814(3)
백s 967(2)
스트레이트s 3857(2)
스트레이트s 967(1)
체인s 841(2)
피시본s 90(3)
스플릿 백s ECRU(2)
블랭킷s 3857(2)

도안 설명은 스티치→실 번호→(실의 가닥 수)로
표기했습니다.
예) 새틴s 3773(2) : 3773번 실 2가닥으로
새틴 스티치를 합니다.

1010
Cat Embroidery
20
101마리
얼룩 고양이

Cat Embroidery 20

How to Make

● **사용된 실**

DMC 25번사 : 606, 742, 959, 3371, 3846

● **그 외 재료**

코튼 원단(아이보리색)

● **사용된 스티치**

새틴 스티치, 스트레이트 스티치, 아우트라인 스티치,
프렌치 노트 스티치, 프리 스티치, 플라이 스티치

● 스티치 ●

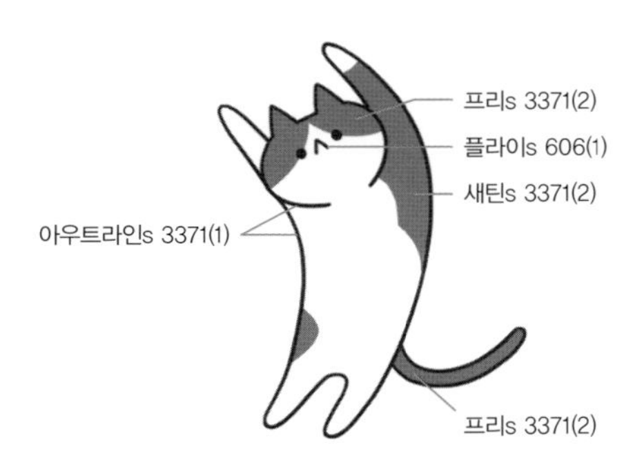
프리s 3371(2)
플라이s 606(1)
새틴s 3371(2)
아우트라인s 3371(1)
프리s 3371(2)

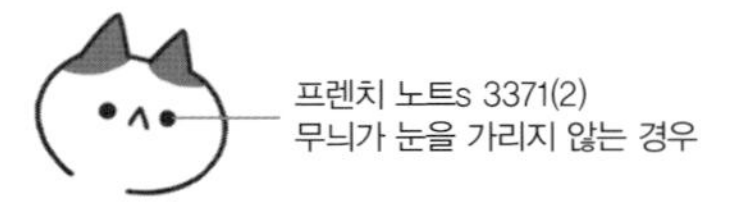
프렌치 노트s 3371(2)
무늬가 눈을 가리지 않는 경우

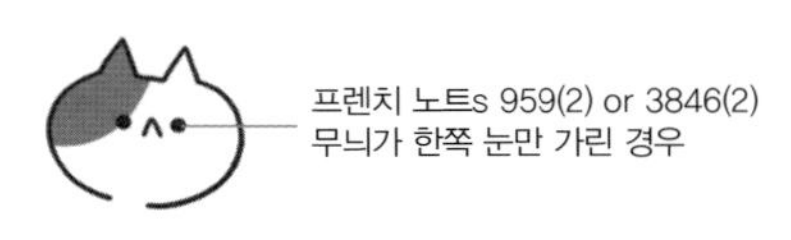
프렌치 노트s 959(2) or 3846(2)
무늬가 한쪽 눈만 가린 경우

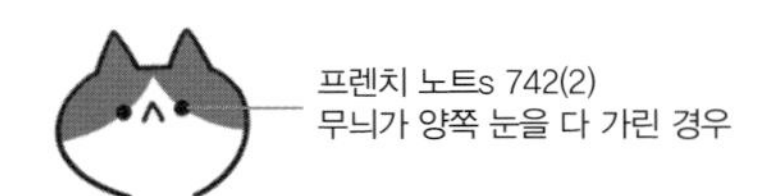
프렌치 노트s 742(2)
무늬가 양쪽 눈을 다 가린 경우

• 스티치 •

스트레이트s 3371(1)
프렌치 노트s 3371(2)
스트레이트s 3371(2)
스트레이트s 3371(1)
새틴s 3371(2)
스트레이트s 3371(1)
아우트라인s 3371(2)
스트레이트s 959(2)
101 CATS
아우트라인s 3371(1)
새틴s 3371(2)
프렌치 노트s 3371(2)

※도안 별지

도안 설명은 스티치→실 번호→(실의 가닥 수)로 표기했습니다.
예) 새틴s 3773(2) : 3773번 실 2가닥으로 새틴 스티치를 합니다.

101 CATS

101 CATS

고롱고롱 고양이 자수

초판 1쇄 발행 2020년 11월 5일

지은이 전지선
펴낸이 이지은 **펴낸곳** 팜파스
기획 · 진행 이진아 **편집** 정은아
디자인 조성미
마케팅 김민경, 김서희
인쇄 케이피알커뮤니케이션

출판등록 2002년 12월 30일 제10-2536호
주소 서울시 마포구 어울마당로5길 18 팜파스빌딩 2층
대표전화 02-335-3681 **팩스** 02-335-3743
홈페이지 www.pampasbook.com | blog.naver.com/pampasbook
페이스북 www.facebook.com/pampasbook2018
인스타그램 www.instagram.com/pampasbook
이메일 pampas@pampasbook.com

값 18,000원
ISBN 979-11-7026-372-2 (13590)

이 도서의 국립중앙도서관 출판시도서목록(CIP)은 서지정보유통지원시스템 홈페이지(http://seoji.nl.go.kr)와 국가자료공동목록시스템(http://www.nl.go.kr/kolisnet)에서 이용하실 수 있습니다.(CIP제어번호: CIP2020041603)